新型墙体材料应用丛书

工业灰渣混凝土空心墙板生产及应用技术

杨伟军　左恒忠　主编
梁建国　王季青　主审

中国建筑工业出版社

图书在版编目（CIP）数据

工业灰渣混凝土空心墙板生产及应用技术/杨伟军，左恒忠主编．—北京：中国建筑工业出版社，2011.9
（新型墙体材料应用丛书）
ISBN 978-7-112-13512-7

Ⅰ.①工… Ⅱ.①杨… ②左… Ⅲ.①混凝土结构-墙体 Ⅳ.①TU37

中国版本图书馆 CIP 数据核字（2011）第 174226 号

新型墙体材料应用丛书
工业灰渣混凝土空心墙板生产及应用技术
杨伟军　左恒忠　主编
梁建国　王季青　主审
*
中国建筑工业出版社出版、发行（北京西郊百万庄）
各地新华书店、建筑书店经销
北京红光制版公司制版
北京建筑工业印刷厂印刷
*
开本：850×1168 毫米　1/32　印张：4½　字数：120 千字
2011 年 10 月第一版　2011 年 10 月第一次印刷
定价：**15.00** 元
ISBN 978-7-112-13512-7
（21274）

本书从工业灰渣混凝土空心墙板的原材料、生产、基本性能到设计施工应用，对工业灰渣混凝土空心墙板的生产与应用进行了系统的论述。第1章工业灰渣混凝土空心墙板的基本情况及其发展与应用；第2章工业灰渣混凝土空心墙板生产原材料；第3章工业灰渣混凝土空心墙板的性能；第4章工业灰渣混凝土空心墙板生产；第5章工业灰渣混凝土空心板墙体设计与裂缝防治；第6章轻钢轻板框架考虑墙板时内力与变形计算；第7章工业灰渣混凝土空心墙板施工技术。

本书可供新型墙体材料生产企业、管理部门的技术与管理人员，房屋建筑工程技术人员、科学研究人员和高等院校有关师生参考。

*　　*　　*

责任编辑：赵梦梅　武晓涛
责任设计：董建平
责任校对：肖　剑　陈晶晶

“新型墙体材料应用丛书”
编审委员会

前　言

加快新型墙体材料的发展是我国经济社会发展和实施可持续发展战略的必然要求。随着墙改工作的深入开展，各类满足节能、节土、利废要求的新型墙体材料不断涌现。并在实践中不断完善与改进，对提高建筑工程质量，改善建筑功能，美化我们的生活和工作环境发挥了巨大的作用。

目前，新型墙体材料产量在墙体材料中占到了绝大多数，但新型墙体材料生产及其应用中有一些问题尚待解决。例如：对新型墙体材料了解不够、市场不清楚、技术不完善、政策导向不了解、生产与应用脱节等。因而大力发展新型墙体材料产业，生产出高质量的新型墙体材料，完善新型墙体材料建筑设计施工技术等，是做好“禁实”工作的前提条件。

新型墙体材料的发展和应用需要从政策、市场、建筑结构体系、建筑节能、技术创新、资源情况、产品种类品种及工艺、技术装备选型等出发，全方位给予指导，提供成套技术。一方面解决新型墙材品种过多过滥、优质产品过少、产品性能指标不高，企业在上项目时无所适从的问题；另一方面也便于管理，制定和实行扶植政策支持发展重点；另外也为新型墙体材料革新工作的健康发展提供成套技术保障。

编著本套丛书意在为墙材企业的新建改造项目决策、生产技术和应用市场提供科学依据和成套技术；为新型墙体材料建筑在设计、施工与验收规定等方面提供技术应用指导，解决新型墙体材料建筑推广过程中的应用技术问题。

作者在多年从事工业灰渣混凝土空心墙板生产及应用研究工作的基础上，吸收国内外该领域的最新科研成果，写成了本书。

本书得到湖南省墙体材料改革办公室的资助，参考了大量国内外文献，编者的许多同事和李耀、李丽珊、欧孟仁、皮正波、沈继美等研究生参与了本书工作，在此一并表示衷心感谢！

本书试图起到抛砖引玉的作用，使新型墙体材料建筑得到较大的发展，为国家经济建设作出贡献。限于作者水平，书中难免有不妥之处，恳请有关专家和广大读者批评指正。

2011 年 6 月

目　录

第1章　绪　　论

1.1　轻质墙板发展概况

我国墙板业经历了一个较长的发展过程，从20世纪60年代中期就开始研发，直到20世纪80年代混凝土大型墙板和加气混凝土墙板才得到很大的发展，这种产品在许多大中城市都得到推广应用。然而，由于墙板接缝渗水、抹灰粘结不好，以及其他一些施工应用问题未解决好，使这种墙板在20世纪80年代中期之后就逐步退出应用市场。20世纪90年代以来，随着建筑业和住宅产业化的发展，随着墙体材料革新工作的深入，我国各种建筑墙板的应用快速发展，尤其在大中城市，如长沙市现在每年墙板的生产能力达到200多万平方米，在许多建筑的隔墙中已得到广泛应用。同时，我们可喜地看到，在国家政策的指导下，加大了各类墙板生产设备的研发制造，各种生产线得到进一步改善和提高，挤出法、喷射法、立模法生产轻质墙板也开始研制和推广，并陆续在全国范围使用。

虽然我国建筑墙板这些年有了很大发展，但与发达国家相比差距很大，如美国、日本和一些欧洲国家墙板占墙体材料总量的40%以上，而我国仅占2%，因此有着较大的发展空间。

墙板生产应用的历史虽然不长，但发展非常迅速，而且更新换代比较快，我国从20世纪60年代开始生产蒸压加气混凝土板、金属夹芯面板等；20世纪80年代生产GRC墙板、石膏墙板等；20世纪90年代发展混凝土空心墙板。由于墙板生产效率高、施工速度快、造价低、实用性强，比烧结墙体材料节能、保温、隔声性能好，能充分利用工业废渣作为骨料，在同等建筑面积情况下，增加建筑物的使用面积等特点，而得到广泛应用和社会的充分肯定。目前国内大中城市广泛应用墙板作为宾馆、办公楼、住宅等建筑物的隔墙。特别是混凝土空心墙板，因其造价低，强度高，施工速度快，原材料广泛，还可以大量利用工业废渣，因而发展得更快。

工业灰渣混凝土空心墙板是一种机制条板，用作民用建筑非承重内隔墙，故又称为工业灰渣混凝土空心隔墙条板，其构造断面为多孔空心式，生产原材料中，工业废渣占掺量为40%（重量比）以上。

国内工业灰渣混凝土空心墙板近几年来发展较快的原因，概括起来有以下几点：第一，原材料来源广泛。首先，生产混凝土空心墙板的主要原材料之一是硅酸盐类水泥，当前我国水泥产量供大于求，并且遍布全国各地，易于购买；其次，用于混凝土空心墙板的粗骨料（如陶粒、炉渣、天然浮石、火山渣等）和细骨料（如：粉煤灰、陶砂、火山灰、细炉渣等）都可以因地制宜，就地取材，可与水泥配制生产混凝土空心墙板。第二，生产效率高。混凝土空心墙板生产容易实现半机械化或机械化生产，例如：美国斯蒂尔公司、德国翰得乐公司等外国公司的墙板生产工艺可机械化生产；国内混凝土空心墙板生产设备和设计的生产线实现了半机械化生产，劳动生产率可达每人每年225m^3，超过了普通混凝土构件的每人每年100m^3和烧结普通砖每人每年113～206m^3的劳动生产率。第三，节约能源。混凝土空心墙板生产过程中不需要燃料，只消耗水、电，每平方米混凝土空心墙板消耗水电费用约17.8元，而生产烧结普通黏土砖消耗水电费用约34元。生产混凝土空心墙板比生产烧结普通黏土砖节约能源约47.7%。第四，保护环境。生产混凝土空心墙板的原料充分利用了工业废渣，不需要黏土，不破坏植被，保护了环境。第五，使用混凝土空心墙板作墙体可降低建筑物总体造价。混凝土空心墙板体积密度小，能减轻建筑物的总体重量，使基础柱梁及墙体粉刷的造价降低，从而降低建筑物的总体造价。

随着墙体材料的革新和建筑节能的要求，墙板的发展，特别是具有较强竞争力的混凝土空心墙板将会得到更大的发展。

1.2 混凝土空心墙板的规格型号

目前我国普遍生产和使用的混凝土空心墙板有普通板、门框板和过梁板三种板型；其规格按板厚隔墙类分为60mm、75mm、80mm和90mm，分户类板板厚100mm、130mm和140mm，外墙类板板厚180mm、190mm和200mm等规格；板的长度、宽度应符合建筑模数要求，板长在3300mm以内，板宽一般为600mm。

混凝土空心墙板由于生产设备不同而有不同的企口和孔形。美国斯蒂尔公司、德国翰得乐公司的墙板孔形为方孔；建设部《建筑隔墙用轻质条板》JG/T 169—2005标准规定的条板各部位名称、外形及断面如图1.2-1和图1.2-2所示，上海市推荐性应用标准《AC轻骨料混凝土多孔形墙板应用技术规程》DBJ/CT 06—99规定的外形与断面尺寸如图1.2-3和图1.2-4所示。

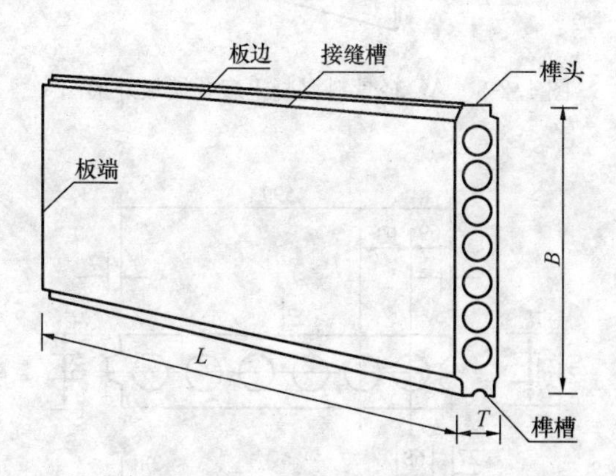

图1.2-1 工业灰渣混凝土空心隔墙条板各部位名称及外形示意图

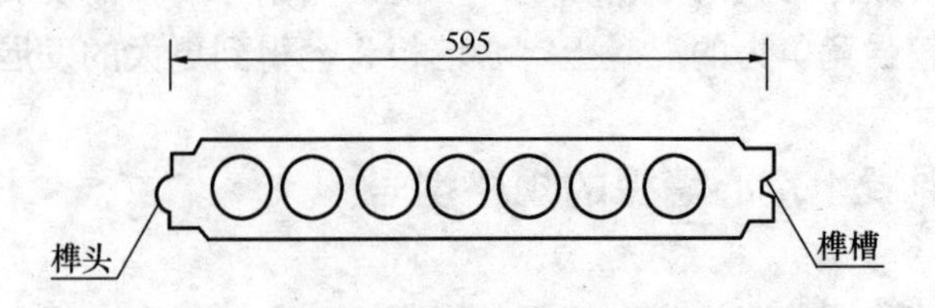

图 1.2-2　工业灰渣混凝土空心隔墙条板断面示意图

图 1.2-3　AC 轻骨料混凝土多孔墙板外形图

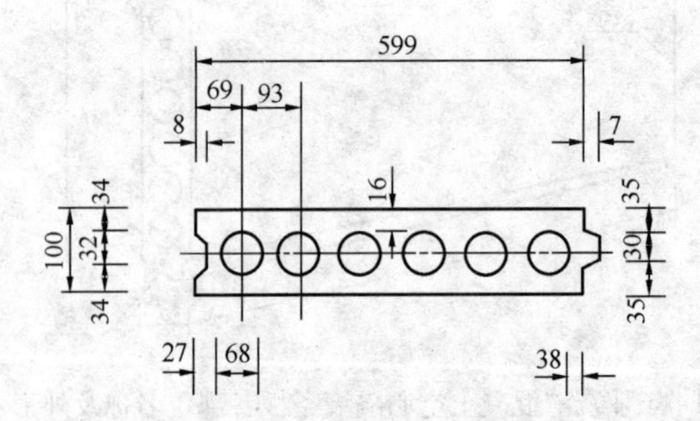

图 1.2-4　AC 轻骨料混凝土多孔墙板（厚度 100mm）横截面图

1.3 工业灰渣混凝土空心墙板的优势

（1）施工速度快，工效高

墙板按标准化生产，直接到现场安装施工，因表面十分光滑平整，不需抹灰，可直接刮腻子等作业。墙板施工时完全是干法作业，并且施工安装简单、方便、快捷，其进度是其他砌块的15倍，大大缩短了施工工期，提高了施工工效。

（2）增大实际使用面积

轻质墙板按厚度分为：60mm、90mm、120mm三种型号，一般分室墙采用90mm，分户采用120mm，双面又不需抹灰，为此大大减薄了墙体厚度，可增大实际使用面积3%～6%。

（3）降低综合造价

经过综合整体考虑，可切实降低整体工程造价。

（4）施工更加文明化

采用轻质墙板的施工现场基本无垃圾，因没有抹灰这一工序，所以也没有大量垃圾的运输问题，可经常保持施工现场的整洁干净，提高文明施工程度。

（5）绿色建材

轻质墙板施工现场的废料一般要全部回收，用于再加工，可循环使用，可再生使用，属于绿色建材。

（6）抗震性能好

因墙板整体性能好，自重轻，整体性强，地震时产生的离心力小，不易破碎，因此抗震性能非常好。

发展建筑墙板，不仅仅是为了减轻建筑物的重量和降低建筑成本，更重要的是提高我国建筑工业化的水平，这是促进我国建筑墙板发展的正确定位。建筑工业化体现在墙体材料方面，就是要摆脱或者减少砌筑化，实现装配化。以大幅度的提高施工效率，缩短施工周期，降低资源消耗。因此，轻质墙板是国家政策倡导的新型墙体材料，具有重大的社会效益和经济效益，值得大力推广应用。

1.4 工业灰渣混凝土空心墙板的发展

我国住宅发展趋势应与国际住宅发展潮流、发展规律相一致。那就是：①住宅使用的舒适性，住宅要做到“冬暖夏凉”，围护结构走复合墙体的道路，增加保温隔热措施，降低采暖降温能耗损失；②平面布局的灵活性，尽量满足住户平面布局的个性化要求和时代进步对住宅进行可变性改造的要求；③住宅结构的安全性和抗震性，发展框架结构住宅，提高住宅抗震性能；④住宅建筑部品生产标准化、工厂化、机械化。

从以下几点可说明在墙板建筑中重点发展工业灰渣混凝土空心隔墙条板住宅。

（1）条板在框架建筑中有独特优势

墙板的品种很多，但从规格上讲就两类：一类是不需要轻钢龙骨固定的板，叫厚板，即各种条形墙板；二类是需要轻钢龙骨板固定的板，叫薄板，如纸面石膏板、硅钙板、水泥纤维板等。

各种厚板与薄板做墙体有其共同优点：①湿作业少，减少粉刷砂浆工料消耗；②墙体的总重量减轻，墙板墙加上表面处理每平方米（墙面积）总重量约60～120kg，即各类墙板墙体都只是块类隔墙重量的1/2或1/3。

厚板有其独特的优势，它属于“成品墙板”，板的厚度就是墙的厚度。而薄板类墙板属于“半成品墙板”，即单独不能成墙，必须在施工现场与轻钢龙骨组合施工才能成墙，现场工作量大，施工技术水平要求高（这也是薄板墙成本居高不下的一个重要原因，其单位安装费比条板高得多）。而且机制条板是挤压成型的墙板，密实度高，隔声好，而薄板装成的墙如果中间不填充其他材料，则密实度小，隔声质量不如条板。

（2）条板既可做内墙，也可做外墙

厚的外墙板就是条板或者就是整面墙或整间房大型混凝土预制构件。各种外墙条板在国外发展多年，已在住宅、大型工业厂房等其他构筑物中广泛使用。国内的条板也可以朝着多品种发展，内墙条板可以发展水泥质的、石膏质的，外墙条板可以发展抗渗性好、吸水率低、强度高、性能优异的条板。

(3) 发展“厚板”做墙体更符合国情

以纸面石膏板为例，说明为什么要在我国大力发展厚板。美国纸面石膏板年产 20 亿平方米，人均 8 平方米；加拿大年产 3.3 亿平方米，人均 13 平方米；而我国自 1979 年开始引进国外石膏板生产线，经过 20 多年的发展，目前年总产量约 2～3 亿平方米，人均不足 0.2 平方米。

纸面石膏板作为一种建筑板材，干作业，劳动强度低，墙面平整，装修效果好，透气性能好。纸面石膏板在美国住宅中可以说是无所不在，内墙、外墙、吊顶、装修等都采用纸面石膏板，而我国人均 0.2 平方米纸面石膏板绝大部分并没有用在墙上，而是用于楼堂馆所公共建筑的吊顶装修，在住宅中的使用更是少得可怜。

发达国家，居住面积大，人均房间多，动静分区，功能分区，公私分区，食寝分区，居寝分区，且大多为独立住宅。由于分区，各功能区之间的噪声干扰就会随距离的拉大而减弱，对墙体的隔声要求就显得不特别高。我国的住宅大多都是集合住宅(多层、多住户在一幢建筑)，而且面积小，房间少。这就决定了我国对住宅墙体材料的隔声要求非常高。发达国家墙体隔声标准为 30dB，我国的墙体隔声标准为 40dB 以上。除此之外，如果做分户墙，还有坚固安全的要求。所以，纸面石膏板在我国集合住宅做内隔墙难以推广。

再看外墙。国外的独立住宅，外墙就是内层纸面石膏板、中间保温材料、外层防水板材料或其他材料，外墙的保温隔热主要是靠保温材料，防水是靠防水材料，这在我国显然做不到，主要是经济方面的原因。

而条板则不同，用机制挤压条板做隔墙，价格与块类材料基本相近，隔声分别达到或接近我国3级40dB，45dB，50dB隔声标准要求。所以应大力发展条板。

（4）在效益上能改变地方墙材企业的落后面貌

我国新型墙体材料行业经济效益不好，其中一个很大原因就是墙材产品结构不合理，地方墙材大多是块类墙材品种，附加值低。新型墙体材料要扭转低效益局面，增加企业发展后劲，应大力发展附加值高的墙板产品。

目前轻质墙板就有十几种以上，如GRC轻质墙板、工业废渣挤压成型墙板、手工珍珠岩板、石膏板、氯镁水泥墙板、钢丝网架板等，在建筑工程中大量使用，替代了几千年来的秦砖汉瓦。

生产和应用任何一种产品，首先要看产品原材料的性能和材料复合生产工艺以及生产设备机械化程度。

（1）手工生产的各种轻质板，国家已三令五申禁止使用，因为产品的密度不实，内外材料不一致，平整度很难达到要求的标准。

（2）挤压成型的炉渣墙板，从材料选用方面，使用普通水泥存在先天性的收缩值大，增强材料软钢丝应力集中，分散不均，填充材料为炉渣，难于控制有害成分（硫、磷），并且长时间会出现石灰岩暴花现象，硅地面平整度误差要求很难达到。加之设备逐步老化，爬坡问题会不断出现，生产当中漏料问题无法避免，这些问题的存在很难达到产品平整度的要求，正常的饰面工艺保证不了板面不龟裂。

（3）复合网架板属于湿法作业，需双面人工抹灰，造成成本增大，但这种产品质量还是可以的。

（4）石膏板优点很多，能够调整室内温度，居住舒适，但强度较差和吸水性强是石膏板的问题所在。

（5）氯镁水泥为粘结材料的复合墙板，在国内一些省份已下达禁用令，它有先天性耐水差，返卤泛霜现象。在潮湿环境下强度逐步降低，徐变大，饰面有变色现象。虽通过一些改性技术，但也不能完全彻底解决。保温材料为聚苯板，防火问题是长期争论的焦点。

（6）工业灰渣混凝土空心墙板是当前市场首选产品，占整个市场使用量的30％以上。

国家对轻质墙板要求抗压强度在3.5MPa左右，对强度要求不是太高，主要强调板面密度。密度越高，收缩率越低，并非强度越高，收缩率越低，也并非强度越高就不收缩。就像软木质白松、梧桐木，虽硬度不大，但收缩小徐变少；榆木、槐木硬度虽大，但收缩和徐变相应大的道理一样。

随着住宅建设的产业化发展，住宅商品化已是大势所趋。新型框架结构的楼房，抗震性能有了很大提高，而大开间灵活隔断，科学使用面积，更符合消费者的要求。当前在政策导向、市场需求、技术进步三个决定因素的影响下，新型墙材得到迅速发展。但由于技术滞后，攻关技术目标不够清晰，造成一些厂家效益不佳，应从以下三个方面研讨发展：

（1）必须具有过硬产品质量和安装技术，使墙板的质量达到轻质高强、安装牢固的技术目标，敢于参加市场竞争。

（2）具有创新意识，开发多功能性复合墙板、防水墙板，提高保温、隔声、防水、耐久等性能。生产高层次高附加值的新型复合墙板、防水墙板。实行人无我有、人有我优的技术开发战略，取得更大的经济效益。

（3）产品多样化、层次化。根据市场需求，实行层次价格，适应各层次的市场需要。

实现以上几方面的目标，并不一定在设备，成本上再增加投入。只是在材料选择、配比调整、企口和截面设计、生产和安装工艺的改进等方面进行技术指标攻关。树立以市场需求为理念，解决单纯的竞争，运用有求则供的市场经济策略，有利于平衡我们在市场竞争中的地位和经济效应。

1.5 墙板住宅模式的基本思路

1.5.1 以城市多层集合住宅为推广重点

城市多层、中高层集合住宅，是我国城市住宅的主流，新型墙体材料只有在这种集合住宅中推广开才具有普遍意义。多层、中高层框轻结构住宅，其承重墙体为钢筋混凝土框架结构或钢结构。具体为发展梁柱杆系结构、梁板合一的板柱结构、钢筋混凝土剪力墙结构、异形梁柱结构等多种形式的框架结构，内外墙全部采用条板。

农村单层或两层独立住宅和别墅以及其他单层或低层构筑物，完全可实现内外墙全部使用条板，外墙采用 120mm 或 190mm 厚条板，或双块条板复合，增加连接刚性靠在条板孔中浇注钢筋混凝土芯柱。这种结构模式在东南亚、南非等国家单层及两层住宅已广泛采用，整体抗震性能好，造价便宜，施工快捷。

1.5.2 条板外墙走复合墙体之路

(1) 夹芯保温复合墙体。外墙外条板用 120mm 或 190mm 厚条板，条板的材料以强度高、吸水率低的重质材料为主，以降低材料的吸水率，提高产品的抗渗、抗冻融性能；外墙内条板以轻质材料为主，中间夹芯绝热材料（板材或粉料），视不同情况可以设计中间带空气层和不带空气层，这种方法安装方便简单。

(2) 内保温复合墙体。外条板用 120mm 厚重质条板，中间为绝热保温板材，内墙面为纸面石膏板或保温砂浆，中间设计空气层。这种方法施工也较为简单。

(3) 外保温复合墙体。外部为保温材料，内部为 120mm 或 90mm 厚条板，条板用轻集料制成，条板的外部为绝热材料。

以上三种复合墙体，配套保温材料品种繁多，可根据不同地区、不同设计标准选择不同档次的各种各样的保温材料，施工工艺简单方便，施工技术成熟。200～250mm厚条板复合墙的保温隔热性能达到62砖墙至74砖墙的保温隔热水平。

1.5.3 内隔墙全部使用条板

空心轻质条板的优势是厚度可以在190mm厚以内任意生产，配方材料可以任意调整（陶粒、工业废渣、砂、膨胀珍珠岩等多种集料），这意味着可以根据不同的分室分户需要、隔声设计标准、强度标准等物理性能要求，生产出各种不同规格、密度的条板，适应不同的质量水平要求。一般来说，120mm厚条板能达到44dB隔声要求，180～190mm厚条板达到48dB，90mm厚达到40dB（指净板隔声水平，不含粉刷层）。可见，条板能够满足住宅设计的3级隔声标准（40dB，45dB，50dB）要求。另外，还可以在分户室墙板两边各粉刷2cm厚水泥砂浆（一般不用粉刷砂浆，只要刮腻子），可较大幅度提高隔声水平。

1.5.4 廉租屋计划

框架条板住宅还有一个优势，即可以建造“廉租屋”，作为特殊用途的简单住宅，如老人公寓、学生公寓、青年公寓等。

国外也有这种叫“人人买得起的房子（可卖可租）”。这种“特殊住宅”，结构为4层或5层，钢筋混凝土结构，承重结构或现浇、或预制现场吊装，层高2.5m，其内外墙全部为条板。外墙12cm或19cm厚条板，内隔墙9cm厚条板，每户50m^{2}建筑面积（约45m^{2}使用面积），整幢建筑轻、用料少、施工快，造价比砖混住宅低。这种简易框架住宅，一月建设一幢，适宜在非寒冷地区建设。

1.6 框架轻板住宅的发展

我国新型墙体材料发展缓慢，其中一个重要原因，就是住宅建筑体系变更缓慢。实心黏土砖是与砖混结构建筑体系紧密联系在一起的。只要建筑体系调整，墙体材料就会自动调整，适应新的建筑结构。近年的发展实践说明，凡是框架结构建筑，大多用的是新型墙体材料。

在我国，发展节能住宅，实现外墙复合化已是大势所趋。条板具有良好的保温隔热性能，导热系数低，加之它是板材，极易与各种绝热板材做成复合墙体，而且复合成的外墙厚度不大，保温隔热效果得到较大提高。就世界范围而言，目前已进入后现代建筑时代。但是我国占房屋建筑70%的住宅建设仍然靠“秦砖汉瓦”，这是无法想象的，也是与节能、节土、环保的时代强音不协调。住宅建设三节（节能、节土、节材）、一增（使用面积）、一抗（震）、一提高（居住水平），必然要大规模发展框轻结构住宅。自从1979年邓小平同志视察北京紫竹院框架轻板结构住宅，迄今已有20余年，但是框架轻板住宅尚没有在安居工程中得到普及发展，墙板在住宅中的应用还没有大的突破，这与我国墙板产品发展不足、品种单一有关。

1.7 经济效益分析

以某市某公司实例分析。

该公司引进国家专利技术生产轻质隔墙板，产品为冷凝固产品，不需燃料燃烧加热，生产过程中无“三废”，产品无毒无害，无刺激气味，隔声、防火，是一种优秀的环保型建材。产品充分考虑消费者利益，可增加使用面积8%左右，节约建筑成本10%左右。

该市每年有150～200万m^2的市场，而70%的为新型墙体材料的空白。

（1）投资构成

1）主要设备投资：年产15万m^2只需全套机械装备共8种14台（件），总金额18.3万元；年产30万m^2需设备2台

（套），总金额 36.6 万元。

2）厂区投资（不含征地、房建、工棚）只对台座估算；年产 15 万 m^2，其中台座面积 1200m^2，按 40 元/m^2 计算，投资金额 4.8 万元；年产 30 万 m^2，其中台座面积 2400m^2，按 40 元/m^2 计算，投资金额 9.6 万元。

3）流动资金：年产 15 万 m^2 需 20 万元，年产 30 万 m^2 需 40 万元

4）投资总额：年产 15 万 m^2＝18.3＋4.8＋20＝43.1 万元

年产 30 万 m^2＝36.6＋9.6＋40＝86.2 万元

（2）成本预测

1）总产值

现行市场售价各地有差异，以 90 型板为例，郑州 55 元/m^2，北京 60 元/m^2，深圳 70 元/m^2，按最低市场价 50 元/m^2 计算：

年产 15 万 m^2 产值＝50 元/m^2×15 万 m^2＝750 万元

年产 30 万 m^2 产值＝50 元/m^2×30 万 m^2＝1500 万元

2）总成本及有关数据

①原料成本：平均按 19 元/m^2 计算：

年产 15 万 m^2 产值：19 元/m^2×15 万 m^2＝285 万元

年产 30 万 m^2 产值：19 元/m^2×30 万 m^2＝570 万元

②水电费：平均按 0.9 元/m^2 计算：

年产 15 万 m^2 产值：0.9 元/m^2×15 万 m^2＝13.5 万元

年产 30 万 m^2 产值：0.9 元/m^2×30 万 m^2＝27 万元

③人员平均工资总额：平均按 1.1 元/m^2 计算：

年产 15 万 m^2 产值：1.1 元/m^2×15 万 m^2＝16.5 万元

年产 30 万 m^2 产值：1.1 元/m^2×30 万 m^2＝33 万元

④固定资产折旧：平均按 0.8 元/m^2 计算：

年产 15 万 m^2 产值：0.8 元/m^2×15 万 m^2＝12 万元

年产 30 万 m^2 产值：0.8 元/m^2×30 万 m^2＝24 万元

⑤维修费：平均按 0.2 元/m^2 计算：

年产 15 万 m^2 产值：0.2 元/m^2×15 万 m^2＝3 万元

年产 30 万 m^2 产值：0.2 元/m^2×30 万 m^2=6 万元

⑥管理费：平均按 1 元/m^2 计算：

年产 15 万 m^2 产值：1 元/m^2×15 万 m^2=15 万元

年产 30 万 m^2 产值：1 元/m^2×30 万 m^2=30 万元

⑦利息：按 0.3 元/m^2 计算：

年产 15 万 m^2 产值：0.3 元/m^2×15 万 m^2=4.5 万元

年产 30 万 m^2 产值：0.3 元/m^2×30 万 m^2=9 万元

总成本合计（万元）：

年产 15 万 m^2 总成本：285+13.5+16.5+12+3+15+4.5=349.5

年产 30 万 m^2 总成本：570+27+33+24+6+30+9=699

列表如下：

总成本表（万元）　　**表 1.7-1**

	原材料成本	水电费	人员平均工资总额	固定资产折旧	维修费	管理费	利息
15 万 m^2	285	13.5	16.5	12	3	15	4.5
30 万 m^2	570	27	33	24	6	30	9

3）经济效益分析

①年销售收入：

年产 15 万 m^2：50 元/m^2×15 万 m^2=750 万元

年产 30 万 m^2：50 元/m^2×30 万 m^2=1500 万元

②年利税总额：

年产 15 万 m^2：750 万元−349.5 万元=400.5 万元

年产 30 万 m^2：1500 万元−699 万元=801 万元

③年税金：

年产 15 万 m^2：750 万元×10%=75 万元

年产 30 万 m^2：1500 万元×10%=150 万元

④年利润总额：

年产 15 万 m^2：400.5 万元−75 万元=325.5 万元

年产 30 万 m^2：801 万元－150 万元＝651 万元

⑤年所得税：

年产 15 万 m^2：325.5 万元×33%＝107 万元

年产 30 万 m^2：651 万元×33%＝214.8 万元

⑥年税后利润：

年产 15 万 m^2：325.5 万元－107 万元＝218.5 万元

年产 30 万 m^2：651 万元－214.8 万元＝436.2 万元

⑦投资回收期：

年产 15 万 m^2 投资回收期：43.1/218.5＝0.20 年

年产 30 万 m^2 投资回收期：86.2/436.2＝0.20 年

列表见表 1.7-2

投资回收期表（万元） **表 1.7-2**

	年销售收入	年利税总额	年税金	年利润总额	年所得税	年税后利润	投资回收期
15 万 m^2	750	400.5	75	325.5	107	218.5	0.20
30 万 m^2	1500	801	150	651	214.8	436.2	0.20

经计算投资回收期小于三个月。

通过以上投资与经济效益分析，该项目技术成熟、符合产业政策、市场容量大、投资小、见效快、节能利废、无污染。因此其经济效益和社会效益及环保效益十分显著，很有推广应用前景。

1.8 对轻质墙板产品行业发展的认识

要把节约资源作为基本国策，加快建设资源节约型、环境友好型社会，促进经济发展与人口、资源、环境相协调。这是党中央、国务院在新形势下作出的伟大战略决策。土地是不可再生的珍贵资源，是人类赖以生存的基础。我国土地资源总量丰富但人均贫乏。根据国土资源部公布的数据，我国耕地总量2004年为12244.43万公顷，列世界第4位，但人均占有率为世界平均水平的38%。以耕地为例，我国是以不到世界10%耕地养活世界22%的人口。1996～2004年，全国耕地面积由19.51亿亩减至18.37亿亩，是世界上耕地资源减少速度最快的国家之一。

（1）提高认识，重视轻质墙板行业的发展

以工业废渣等为主要原料的轻质墙板用作框架建筑结构隔墙、挡板、隔断等，它具有重量轻，以及隔声、隔热、防火和可钉等良好的性能。与传统实心黏土砖相比，每应用1000m^2轻质墙板约可减轻荷载400余吨，还可以节约两根柱和相应减小梁柱，既可有效地节约基础、地基处理费用和梁柱造价，同时，对于任意分割楼层可实现无梁内隔墙。由于墙体和整个建筑物产生的水平分力大大减小，这对于提高建筑物抗防地震的能力是十分有利的。此外，由于墙体厚度大大减薄，使用面积将大大增加。有资料统计表明，与实心黏土砖相比，使用轻质墙板、梁、柱、基础部分可节约投资约25%，建筑物使用面积增加12%～17.2%。但这些优越性一般群众不了解，建设单位也没有足够的认识，总认为传统的建筑材料用着顺手，住着放心。因此，加大宣传力度十分重要。

（2）规范市场，杜绝新墙材市场的恶性竞争

恶性竞争，造成市场严重失调。如果在市场上没有统一价格规范，势必造成良莠不齐，严重影响产品质量及市场前景。由于墙板材料生产工艺不复杂，生产设备简单，投资少，且生产规模可大可小。一旦人们对此有所认识，企业发展比较快。目前长沙市共有轻质墙板生产企业10余家，年可生产优质轻质隔墙板30余万平方米。基本能够满足建筑市场的需求。墙板行业由于各厂家之间没有形成统一的市场价格，厂家与厂家之间相互压低价格，以不断提高各自的销售量，个别厂家还亏本经营，这样的经营方式导致许多厂家处于停产或半停产状态，生产和销售步履维艰，根本无法保证产品质量，严重制约了轻质墙板行业的正常发

展。对此，政府部门直接出面干预是不现实的，但可以考虑由建设行政主管部门牵头，组织成立新型轻质墙体材料行业协会，实行行业自律。在加强市场调研的基础上，划定出一个切实可行、适合行业发展的市场价格范围。

（3）质量认证，确保墙板产品的质量标准

提高质量意识，建立健全质量保证体系，注重产品质量，优存劣汰，依靠质量创名牌，创信誉，创效益，求发展，不能用短期行为或恶劣行为，靠假冒伪劣产品谋取经济利益。部分轻质墙板生产厂家只顾眼前利益，压低价格销售，造成短期内提高了销售量，但产品质量随之降低，难以达到建筑使用性能，为确保质量，行政主管部门既要对新墙材实行统一质量认证，又要加强市场监管，对新墙材产品进行动态质量管理。

（4）创造创新，促进墙板行业可持续发展

各轻质墙板厂要以市场为导向，开发上档次、高水平、有规模的优质产品，加强市场研究、注意市场动态、跟踪市场变化，预测市场趋势。发展新型墙体材料要立足于高起点向轻质、高强方向发展，以减轻建筑物自重，提高建筑施工效率。要发展复合型隔墙板，使墙体结构材料与保温材料合二为一，既是当前世界墙体发展的必然趋势，也是国家倡导发展节能省地型住宅和公共建筑的必然要求。大力发展轻质、高强、保温、多功能、复合型隔墙板，有利于加快促进墙材革新与建筑节能工作。应根据当地资源情况，因地制宜发展以粉煤灰、建筑垃圾、煤矸石和河道淤泥等固体废物为原料的新型墙体材料，加强资源综合利用，保护生态环境，减少自然资源的消耗，促进循环经济的发展。随着消费水平的提高和消费需求的变化，要不断更新产品，开发优质高档的“绿色墙板”，提高产品的配套水平，满足建筑市场发展变化的需求。轻质墙板生产企业要紧紧围绕市场需求大做文章，自主推进技术改造，并逐步实现规模化、系列化、工业化。要加快轻质隔墙板增长方式的转变，引导企业依靠科技进步，优化产品结构，形成产业优势。积极推进品牌战略，鼓励扶持规模企业、优质产品走品牌经营之路，创名牌产品，带动行业发展。生产规模较小的企业也可以采取联合生产的方式进行规模化生产。我们相信，随着墙材革新与建筑节能工作的不断深入开展，轻质墙板产品市场定会迎来更大的发展空间。

1.9 轻质隔墙板的生产应用及发展对策

1.9.1 国外建筑板材发展现状及趋势

从世界建筑业发展史看，新型墙体材料尤其是建筑板材在工厂预制和在施工现场装配水平的不断提高以及预应力技术的应用，是建筑业现代化发展的必然趋势。随着施工技术的不断发展，在发达国家，预制建筑板材不仅占有绝对比重，而且应用技术较为成熟。建筑板材施工效率高，因此世界各国都把建筑板材工厂预制化和施工装配化作为住宅产业现代化的重要标志之一。20世纪90年代初，日本建筑板材占墙材总量的64%，美国占47%，德国占41%，波兰占41.70%，东南亚国家约占30%。经过十多年的发展，目前除了日本有所下降外，其他国家建筑板材的应用量都有上升趋势，尤其是东欧和东南亚国家，建筑板材呈现强劲的发展势头。

从生产方面看，美国的石母板生产居世界首位，日本机械化程度高，质量亦堪称世界第一。日本的玻璃纤维增强水泥板始终处于世界领先地位。英国以无石棉硅钙板生产为主。德国、芬兰以空心轻质混凝土墙板生产为主。水泥刨花板起源于瑞士，目前德国等许多国家都在大规模生产。近年发展起来的钢丝网架水泥聚苯乙烯夹芯板，由于具有良好的性能，发展较快，主要是在一些大型公共建筑和工业建筑上使用，美国已逐步推广应用到居民住宅。

从发展趋势看，国外的建筑板材是适应经济发展需要而发展的。随着经济的发展，除了在节能、环保等方面要求越来越高以外，对人居环境的改善也日趋注重。因此，节能、环保、绿色、透气、吸声、防火等多功能集于一体的墙板备受关注，得到了广泛应用。同时，发达国家还十分注重建筑墙板的应用研究，无论是生产企业还是设计、施工企业，对建筑板材应用的每个环节都要进行细致的研究、论证，甚至对每个节点都要经过严格的计算和反复试验，才在实际中应用，而不是盲目地使用在工程上。

1.9.2 我国建筑板材发展现状

目前，我国建筑板材产量不足墙材总量的10%，应用量很低。这主要是由于我国板材生产设备和技术相对落后，产品质量与国外差距较大，应用技术研究相对滞后，施工技术水平低。

（1）应用技术跟不上发展需要

一些生产企业未做充分的市场调研、市场定位以及应用技术研究就盲目上马。产品进入市场后，不能向施工人员交代完整的应用技术，又没有标准图集、施工及验收规程等技术文件，设计人员又不愿深入研究，致使建筑板材销售不畅。例如天津市建筑板材年生产能力约4000万m^2，而实际产量不到一半，除几个大型生产企业有产品图集、技术规程等技术文件外，大部分中小企业都不具备这方面的条件。据统计，天津市近年来因经营不善倒闭的建筑板材生产企业有几十家，一些大型企业也是苦苦挣扎，连年亏损。

（2）施工技术不完善

目前，我国建筑施工技术还处于粗放式阶段，主要以砌筑技术为主，劳动生产率低，建筑工人平均劳动生产率仅为30m^2/(人·年)，为国外的1/5，标准化、装配化施工技术尚未普及。加之对建筑板材的安装、节点的连接固定以及板材上墙时的质量要求等都不甚清楚，施工单位不愿使用，设计单位也不愿设计。

（3）产品质量差

影响建筑板材质量的因素是多方面的，如原材料是否符合国家标准，配合比是否严格按照工艺要求，加水量是否严格控制，是否达到厂区养护时间，配筋方式是否达到工艺要求，是否严格按照尺寸、数量进行配筋，是否做到按季节调整工艺等。

（4）生产设备落后，技术含量较低

目前我国墙板生产设备大多比较落后，技术含量较低，设备零部件加工粗糙、质量差，生产的产品质量难以保障。

1.9.3 提高建筑板材质量，加强应用技术研究

住宅产业现代化关键在于建材产品的集约化生产和建筑建造的标准化、装配化技术水平。发展优质建筑板材能大幅度地提高工厂化预制效率和施工装配化程度，无疑是我国实现住宅产业现代化的重要途径之一。

（1）发展建筑板材可以显著提高劳动生产率

首先是生产预制化，可以提高生产效率。采用国内较先进的生产设备，自动化程度较高，操作人员一般需 8～10 人，年生产能力约为 30 万 m^2；采用国外生产线，操作人员需 5 人，年生产能力达 70～80 万 m^2，较之其他墙体材料生产效率高。其次是施工标准化、装配化，可提高施工效率。据了解，板材墙体比砌体（砖和砌块）墙体至少提高施工效率 3 倍以上。一般砌筑材料墙面平整度较墙板差，因此抹灰量大于墙板，使用建筑板材做围护墙体可节约原材料 50%，同时减少湿作业，加快施工速度，降低建设综合成本。

（2）发展建筑板材是改变我国建筑施工从粗放型向集约化转变的重要途径

实现住宅产业现代化，需要从提高劳动生产率和工程质量入手。要加快提高住宅产业的工业化水平，提高产品部件的生产技术和产品的科技含量，向标准化、系列化方向发展，使住宅产品的生产由粗放型向集约化转变。建筑施工由手工砌筑向装配化发展，努力提高施工效率和施工质量，提高建设综合经济效益，彻底改革小砖小块的生产方式和传统的施工方式，而建筑板材正是适应这一要求的理想墙体材料。

（3）发展建筑板材是利废、节地、提高综合经济效益的重要手段

发展建筑板材可以充分利用工业废渣、秸秆、锯末，这十分符合我国“节地、节材、节能、节水、环保”的基本国策；同时还可以减薄墙体厚度，扩大使用面积；更可以减轻房屋自重，降低基础造价，大大提高房屋建筑的综合经济效益。

1.9.4 发展对策

（1）积极引进消化吸收国外先进设备和技术，提高我国墙板生产水平

我国的墙体材料生产设备近年来发展较快，部分设备接近或超过发达国家的一般水平。但从总体看，大多数墙材生产企业还是处于手工作坊或者使用较落后设备的阶段，尤其是建筑墙板的生产更为明显。因此，应积极引进消化吸收国外先进设备和技术，提高我国墙板的生产水平。

近年来，我国也引进了不少国外的先进设备，例如天津引进的德国挤出墙板生产线，生产的产品高强、质优。但也有引进失败的案例，主要是由于引进项目不适合当地实际情况或没有很好地消化吸收。这一点，使用我国自主研制开发的生产设备也同样如此。投资项目不可盲目上马，要多方论证、研究、试验；更要与当地实际情况相结合；还要注意设备的技术含量，国家发改委《产业结构调整指导目录》（2005 年 40 号令）已经明确淘汰手工制作墙板生产线和手工切割、非蒸压养护加气混凝土生产线。

（2）着力研究建筑墙板应用技术

建筑墙板的应用技术非常重要。国外一般采用复合墙体，外围护墙一般是由内墙、保温层和装饰墙复合组成。我国多采用单一墙体，对墙板的功能要求更高，因此应用技术的研究至关重要。尤其是目前推广建筑节能，更需要研究其应用技术，否则建筑墙板很难占领市场。要针对各类墙板编制构造图集、应用图集、施工验收规程等技术性文件，尤其是内隔墙板，在与外围护

砌筑墙体结合方面，要有较详尽的技术文件，没有这些必要的技术文件，设计人员不愿设计，施工人员不愿应用，竣工验收也无法进行，市场很难打开。

另外，各类配件也要跟上。在国外，一种墙板，配件就有十几种，加上辅助施工工具等，应用起来能得心应手。我国的墙板生产企业则很少在配套上下工夫，影响了墙板的应用，出现了生产能力大、实际产量小、应用面窄的局面。

（3）严格控制产品质量和施工质量

首先是产品质量。前几年由于墙板质量引起墙体开裂的现象很多，影响很坏。因此要严格把好产品质量关，引导企业在提高产品质量上下工夫。要严格按照生产工艺、工序要求进行生产，严格按照养护时间要求进行养护。

其次是施工质量。我国建筑施工技术水平较低，加之墙板的施工辅助工具不配套、配件缺乏、构造图不细、产品质量低等因素，施工时粗制滥造现象比较严重，工程质量事故时有发生。据初步调查，有的工程处理墙材产品质量事故（如收缩裂缝、脱落、渗漏、隔声低等）所返工耗费的材料和工时要占工程量的5%～8%，甚至高达10%，不但劳民伤财，影响工程质量，而且住户意见很大。因此，要对施工人员进行技术培训．要编制详细的建筑墙板应用技术文件。

总之，在引进消化吸收国外先进设备和技术的同时，针对我国实际情况编制符合国情的应用技术文件，不断提高产品质量，建筑墙板在我国必将有广阔的发展前景。

第 2 章　工业灰渣混凝土空心墙板生产原材料

2.1　混凝土空心墙板的生产原材料

（1）水泥

生产混凝土空心墙板目前普遍使用的水泥品种有硅酸盐水泥、普通硅酸盐水泥、矿渣硅酸盐水泥、火山灰质硅酸盐水泥、粉煤灰硅酸盐水泥、复合硅酸盐水泥和硫铝酸盐水泥等。

（2）骨料

目前为适应墙体材料轻质、高强等功能的要求，生产混凝土空心墙板普遍使用的骨料主要为黏土陶粒、粉煤灰陶粒、炉渣、火山灰岩、浮石、煅烧或自然煤矸石、加气混凝土碎屑、膨胀珍珠岩和粉煤灰等。

2.2　混凝土空心墙板主要生产原料的技术指标

2.2.1　水泥

（1）硅酸盐水泥、普通硅酸盐水泥

生产墙板用的硅酸盐水泥、普通硅酸盐水泥应符合以下技术指标。

1）强度

各强度等级水泥各龄期强度不得低于表 2.2-1 的要求。

2）不溶物

Ⅰ型硅酸盐水泥中不溶物不得超过 0.75％，Ⅱ型硅酸盐水泥中不溶物不得超过 1.50％。

各强度等级水泥各龄期强度（MPa）　　表 2.2-1

品　种	强度等级	抗压强度		抗折强度	
		3d	28d	3d	28d
硅酸盐水泥	42.5R	22.0	42.5	4.0	6.5
	52.5	23.0	52.5	4.0	7.0
	52.5R	27.0	52.5	5.0	7.0
	62.5	28.0	62.5	5.0	8.0
	62.5R	32.0	62.5	5.5	8.0
	72.5R	37.0	72.5	6.0	8.5
普通水泥	32.5	12.0	32.5	2.5	5.5
	42.5	16.0	42.5	3.5	6.5
	42.5R	21.0	42.5	4.0	6.5
	52.5	22.0	52.5	4.0	7.0
	52.5R	26.0	52.5	5.0	7.0
	62.5	27.0	62.5	5.0	8.0
	62.5R	31.0	62.5	5.5	8.0

3）氧化镁

熟料中氧化镁的含量不宜超过 5.0%。如果水泥压蒸安定性合格，则熟料中氧化镁含量允许放宽到 6.0%。

4）三氧化硫

水泥中三氧化硫含量不得超过 3.5%。

5）烧失量

Ⅰ型硅酸盐水泥中烧失量不得大于 3.0%，Ⅱ型硅酸盐水泥中烧失量不得大于 3.5%。普通水泥中烧失量不得大于 5.0%。

6）细度

硅酸盐水泥比表面积大于 $300m^2/kg$，普通水泥 80μm 方孔筛筛余量不得超过 10.0%。

7）凝结时间

硅酸盐水泥初凝不得早于 45min，终凝不得迟于 390min；

普通水泥初凝不得早于 45min，终凝不得迟于 10h。

8）安定性

用沸煮法检验必须合格。

（2）矿渣硅酸盐水泥、火山灰质硅酸盐水泥及粉煤灰硅酸盐水泥

1）强度

各强度等级的矿渣硅酸盐水泥、火山灰质硅酸盐水泥及粉煤灰水泥的各龄期强度等级不得低于表 2.2-2 的要求。

矿渣水泥、火山灰质硅酸盐水泥及粉煤灰水泥各强度等级各龄期强度（MPa） **表 2.2-2**

强度等级	抗压强度		抗折强度	
	3d	28d	3d	28d
32.5	10.0	32.5	2.5	5.5
32.5R	15.0	32.5	3.5	5.5
42.5	15.0	42.5	3.5	6.5
42.5R	19.0	42.5	4.0	6.5
52.5	21.0	52.5	4.0	7.0
52.5R	23.0	52.5	4.5	7.0

2）氧化镁

熟料中氧化镁的含量不宜超过 5%，如果水泥经压蒸安定性实验合格，则熟料中氧化镁的含量允许放宽到 6.0%。

熟料中氧化镁的含量为 5.0%～6.0%时，如矿渣水泥中混合材掺量大于 40%或火山灰水泥、粉煤灰水泥中混合材掺量大于 30%，制成的水泥可不作压蒸实验。

3）三氧化硫

矿渣水泥中三氧化硫含量不得超过 4.0%；火山灰水泥和粉煤灰水泥中三氧化硫含量不得超过 3.5%。

4）细度

80μm 方孔筛筛余量不得超过 10%。

5）凝结时间

初凝不得早于 45min，终凝不得迟于 10h。

6）安定性

用沸煮法检验必须合格。

(3) 复合硅酸盐水泥

各强度等级复合硅酸盐水泥各龄期强度不得低于表 2.2-3 的要求。其他技术指标与普通硅酸盐水泥相同。

(4) 硫铝酸盐型水泥

硫铝酸盐型水泥包括：快硬硫铝酸盐水泥、微膨胀硫铝酸盐水泥、膨胀硫铝酸盐水泥和自应力硫铝酸盐水泥等。这类水泥属于低碱度水泥，具有硬化快、早期强度高、后期强度不倒缩、抗硫酸盐侵蚀能力强、抗渗性好等特点。又由于水化放热量大，适宜冬季施工应用；但其泌水性大，使用时应注意适当的水灰比。这类水泥不得与其他品种水泥混合使用。

硫铝酸盐型水泥物理性能见表 2.2-4 和表 2.2-5。

复合硅酸盐水泥各强度等级各龄期强度（MPa） 表 2.2-3

强度等级	抗压强度		抗折强度	
	3d	28d	3d	28d
32.5	10.0	32.5	2.5	5.5
32.5R	15.0	32.5	3.5	5.5
42.5	15.0	42.5	3.5	6.5
42.5R	19.0	42.5	4.0	6.5
52.5	21.0	52.5	4.0	7.0
52.5R	23.0	52.5	4.5	7.0

硫铝酸盐型水泥物理性能 1 表 2.2-4

品 种	强度等级	抗压强度（MPa）					抗折强度（MPa）				
		12h	1d	3d	7d	28d	12h	1d	3d	7d	28d
快硬硫铝酸盐水泥	4.25	29.4	34.4	41.7	—	—	5.9	6.4	6.9	—	—
	52.5	36.8	44.1	51.5	—	—	6.4	6.9	7.4	—	—
	62.5	39.2	51.5	61.3	—	—	6.9	7.4	7.8	—	—

续表

品　种	强度等级	抗压强度（MPa）					抗折强度（MPa）				
		12h	1d	3d	7d	28d	12h	1d	3d	7d	28d
微膨胀硫铝酸盐水泥	5.25	—	31.4	41.2	—	51.5	—	4.9	5.9	—	6.9
膨胀硫铝酸盐水泥	52.5	—	27.5	39.2	—	51.5	—	4.4	5.4	—	6.4

硫铝酸盐型水泥物理性能 2　　　　**表 2.2-5**

水泥品种	比表面积（m^2/kg）	凝结时间		游离氧化钙
		初凝（min）	终凝（h）	
快硬硫铝酸盐水泥	≥380	≥25	≤3	不允许有
微膨胀硫铝酸盐水泥和膨胀硫铝酸盐水泥	≥400	≥30	≤3	不允许有
自应力硫铝酸盐水泥	≥370	≥40	≤4	不允许有

2.2.2　骨料

生产混凝土空心墙板普遍使用轻骨料，轻骨料包括轻粗骨料和轻细骨料。轻粗骨料是粒径在 3mm 以上的轻质骨料，体积密度小于 $1100kg/m^3$。轻细骨料是粒径不大于 3mm 的轻质骨料，体积密度小于 $1100kg/m^3$。

生产混凝土空心墙板所使用的轻骨料应符合以下质量要求：

（1）轻骨料的颗粒级配

最大粒径粗颗粒筛余累计小于 10%（按重量计）的筛孔尺寸定为该粗颗粒的最大粒径，不宜大于 10mm。一般轻粗料控制在 3～8mm 之间。

粗骨料的级配一般控制为：粒径 5mm 以下不小于 90%。粒径 5～8mm 小于 10%。不允许有超过最大粒径 2 倍的颗粒。

轻骨料密度等级及筒压强度如表 2.2-6 所示。

轻骨料密度等级及筒压强度（MPa） 表 2.2-6

序号	密度等级（kg/m³）	轻骨料品种					
		粉煤灰陶粒	黏土陶粒	页岩陶粒	天然轻骨料	超轻陶粒	自然煤矸石
1	200					0.2～0.3	
2	300				0.2	0.5～0.7	
3	400		0.5	0.8	0.4	1.0～1.3	
4	500		1.0	1.0	0.6	1.5～2.3	
5	600		2.0	1.5	0.8		
6	700	4.0	3.0	2.0	1.0		
7	800	5.0	4.0	2.5	1.2		
8	900	6.0	5.0	3.0	1.5		3.0～3.5
9	1000				1.8		3.0～4.0
10	1100						4.0

（2）粗骨料的体积密度和筒压强度按等级划分

其指标应符合表 2.2-7 的要求。

（3）轻骨料的吸水率

轻骨料的吸水率应符合下列要求：轻粗骨料吸水率越小越好，1h 的吸水率不应大于 25％（细骨料吸水率暂未作规定）。

（4）轻骨料的烧失量

生产混凝土空心墙板所使用轻骨料的烧失量不应大于 5％。

粗骨料的体积密度和筒压强度 表 2.2-7

密度等级	体积密度范围（kg/m³）	筒压强度（MPa）不低于	
		Ⅰ	Ⅱ
300	≤300	0.7	1.0
400	>300，≤400	1.0	1.5
500	>400，≤500	1.5	2.0
600	>500，≤600	2.0	2.5
700	>600，≤700	2.5	3.0

续表

密度等级	体积密度范围（kg/m³）	筒压强度（MPa）不低于	
		Ⅰ	Ⅱ
800	>700，≤800	3.0	3.5
900	>800，≤900	3.5	4.0
1000	>900，≤1000	4.0	4.5

注：Ⅰ表示碎石型粗骨料的筒压强度，对煤渣、火山灰、浮石等允许适当降低。由试配混凝土达标确定；Ⅱ表示圆型（如陶粒）粗骨料的筒压强度。

(5) 轻骨料中有害物质的含量

轻骨料中有害物质的含量应符合如下要求：

1）天然及工业废渣轻骨料的含泥量不大于2%，人造轻骨料不得混夹杂物或黏土块。

2）硫酸盐（折算成 SO_3）的含量不大于3%。

2.3 墙板混凝土配合比设计

混凝土空心墙板的物理力学性能与混凝土质量有密切关系，混凝土的材性，如强度、耐久性等直接与它的组成材料和配合比有关。如果混凝土的组成材料配合比的全部或少部分发生变化，则混凝土的材性亦将随之改变。为了保证混凝土空心墙板的质量，满足建筑工程的设计要求，选择经济合理的混凝土配合比是非常必要的。必须指出，要想得到既经济又合理的混凝土空心墙板，必须具备混凝土配合比设计的基础知识，以及混凝土的配制和应用技术，才能指导混凝土空心墙板的生产，保证产品质量。

2.3.1 混凝土配合比设计时应注意的问题

混凝土配合比的选择应根据混凝土组成的质量、工程特点、生产工艺设备及生产技术水平等条件，通过计算和试配来确定。一般混凝土配合比设计时应注意的几个问题：

(1) 进行混凝土配合比设计时，首先应满足混凝土强度的

要求

混凝土强度的重要指标是抗压强度。抗压强度以 150mm×150mm×150mm 立方体试件成型后，在标准养护条件（温度 20℃±3℃，相对湿度 90%以上）下养护 28d，在压力机上对试件做受压实验，试件破坏时单位受压面积上所承受的压力值就是混凝土的强度，以 MPa 表示。混凝土的抗压强度随其硬化时间（龄期）的延长而增加。一般来说，初期强度增长很快，28d 后就逐步减慢。混凝土的强度等级是按照混凝土 28d 的抗压强度确定的。常用的混凝土强度等级有 C10、C15、C20、C25 和 C40 等。目前我国常用的混凝土空心墙板的抗压强度为大于 5.0MPa，其相应的混凝土强度等级应为 C10 以上。

（2）满足和易性的要求

混凝土的和易性是保证混凝土质量和便于施工操作的主要因素，对塑性混凝土十分重要。这是因为混凝土和易性好，能使混凝土在运输过程中不会产生离析（即水泥、骨料和水互相分离）现象，便于混凝土拌合物浇注，保证混凝土质量。塑性混凝土和易性的好坏，一般用拌合物的坍落度，或用抹刀擦抹拌合物表面，观察骨料与水泥之间的结合情况等方法判断。由于生产混凝土空心墙板的混凝土是硬塑性的，采用上述方法很难判断拌合物的和易性，因此在拌合物搅拌后，可采用抹刀擦抹拌合物表面，更重要的是对成型后的墙板观察其表面有无麻面、孔洞以及骨料之间粘结情况等来判断和易性。

（3）满足耐久性要求

混凝土的耐久性是指混凝土经受磨损，冻融交替作用，干湿交替作用以及耐火及抗化学侵蚀等的性能。耐久性好，混凝土能经得起长久的使用；混凝土空心墙板耐久性就好，建筑物寿命长。

（4）经济合理

不仅要保证混凝土制品的质量要求，而且应尽量合理地利用地方材料，降低成本，这对混凝土空心墙板的生产也同样是必要的。

2.3.2 混凝土配合比设计的步骤

混凝土配合比的设计应包括配合比的设计计算、试配、调整和确定等步骤。

(1) 混凝土配合比的设计计算

混凝土配合比的设计计算有体积法和重量法两种。体积法计算配合比的原则是假定每立方米混凝土的体积为各组成材料的体积之和。重量法计算配合比的原则是假定每立方米混凝土的重量为各组成材料的重量之和。体积配合比设计计算法一般适用于普通砂配制的混凝土的设计计算。对于轻骨料配制的混凝土的设计计算一般采用重量法。在测得轻骨料的体积密度、颗粒密度和吸水率后，也可按体积法计算。

设计步骤如下：

1) 测定粗骨料的体积密度、颗粒密度、简压强度及 1h 吸水率，测定细骨料的体积密度及颗粒密度；

2) 根据混凝土设计配制强度等选用水泥强度等级和骨料筒压强度；生产混凝土空心墙板一般选用混凝土强度等级为 C10 以上，水泥强度等级 32.5 级以上，骨料筒压强度 3.0 级以上。

①混凝土设计配制强度等级按下式计算：

$$f_{cu0} \geqslant f_{cuk} + 1.645\sigma \quad (2.3\text{-}1)$$

式中 f_{cu0}——混凝土配制强度，MPa；

f_{cuk}——混凝土立方体抗压强度标准值，MPa；

σ——混凝土强度标准差，MPa。

混凝土强度标准差采用无偏估计值，确定该值的强度试件数不应少于 25 组。σ 值一般取 f_{cuk} 的 10%～12.5%。

②选用水泥强度等级的计算

选用水泥强度等级按下式计算：

$$f_{cu} = \frac{2f_{cu0}}{\frac{C}{W} - 0.61} \quad (2.3\text{-}2)$$

式中　f_{cu}——选用水泥强度，MPa（不得小于 32.5 级）；

f_{cu0}——混凝土配制强度，MPa；

C/W——混凝土配制灰水比（水灰比的倒数）

3）确定水灰比

混凝土空心墙板挤压成型工艺生产配制混凝土的用水量一般为 12%～14%之间（水灰比为 0.55～0.60）。立模成型工艺水灰比一般在 0.8 以上。

混凝土水灰比可按下式计算：

$$\frac{W}{C}=\frac{Af_{cu}}{f_{cu0}+ABf_{cu}} \tag{2.3-3}$$

式中　A、B——回归系数，对于碎石混凝土 A 可取 0.48，B 可取 0.52；对于卵石混凝土 A 可取 0.50，B 可取 0.61；

f_{cu0}——混凝土配制强度，MPa；

f_{cu}——选用水泥实际强度，MPa。可按下式确定：

$$f_{cu}=r_{c}f_{cek} \tag{2.3-4}$$

式中　r_c——水泥强度等级标准的富余系数，一般取 1.08～1.05，强度等级低的水泥取高值，强度等级高的水泥取低值；

f_{cek}——水泥强度等级的标准值，MPa。

4）每立方米混凝土用水量（M_{w0}）的确定

干硬性和塑性混凝土用水量，当水灰比在 0.4～0.8 范围时，根据骨料品种、粒径及施工要求的混凝土拌合物稠度，其用水量可按表 2.3-1 选取。

干硬性和塑性混凝土的用水量（kg/m^3）　　**表 2.3-1**

拌合物稠度		卵石最大粒径（mm）			碎石最大粒径（mm）		
项目	指标	10	20	40	16	20	40
维勃稠度（s）	15～20	175	160	145	180	170	155
	10～15	180	165	150	185	175	160
	5～10	185	170	155	190	180	165

续表

拌合物稠度		卵石最大粒径（mm）			碎石最大粒径（mm）		
项目	指标	10	20	40	16	20	40
坍落度（mm）	10～30	190	170	150	200	185	165
	30～50	200	180	160	210	195	175
	50～70	210	190	170	220	205	185
	70～90	215	195	175	230	215	195

对于使用轻骨料挤压成型的混凝土空心墙板，每立方米混凝土用水量一般为140～165kg。

对于轻骨料，拌合混凝土的总用水量 M_w 还应包括轻骨料的附加水量。M_w 可按下式计算：

$$M_w = M_{w0} + M_{g0} \times q_1 + M_{s0} \times q_2 \qquad (2.3\text{-}5)$$

式中 M_w——拌合每立方米混凝土总用水量，kg/m^3；

M_{w0}——拌合每立方米混凝土净用水量，kg/m^3；

M_{g0}——拌合每立方米混凝土粗骨料用量，kg/m^3；

M_{s0}——拌合每立方米混凝土细骨料用量，kg/m^3；

q_1、q_2——粗、细骨料1h吸水率。

5）确定每立方米混凝土的水泥用量

每立方米混凝土的水泥用量（M_{c0}）可按下式计算：

$$M_{c0} = \frac{M_{w0}}{\frac{W}{C}} \qquad (2.3\text{-}6)$$

式中 M_{c0}——每立方米混凝土水泥用量，kg/m^3；

M_{w0}——拌合每立方米混凝土净用水量，kg/m^3；

W/C——拌合混凝土水灰比。

6）砂率的确定，计算粗骨料和细骨料的用量

①混凝土砂率的确定应符合下列规定

混凝土坍落度小于或等于60mm，且粗骨料粒径等于或大于10mm的混凝土砂率，可根据粗骨料品种、粒径及水灰比按表2.3-2选取。

混凝土的砂率（%） **表 2.3-2**

水灰比（W/C）	卵石最大粒径（mm）			碎石最大粒径（mm）		
	10	20	40	10	20	40
0.40	26～32	25～31	24～30	30～35	29～34	27～32
0.50	30～35	29～34	28～33	33～38	32～37	30～35
0.60	33～38	32～37	31～36	36～41	35～40	33～38
0.70	36～41	35～40	34～39	39～44	38～43	36～41

注：1. 本表数值系中砂的选用砂率，对于细砂或粗砂可相应地减小或增大砂率；
2. 只用单粒级粗骨料配制混凝土时砂率应适当增大；
3. 对薄壁构件砂率取偏大值；
4. 本表中的砂率系指砂子与骨料总量的重量比。

对于用轻骨料生产混凝土空心墙板的轻骨料混凝土砂率一般为 30%左右。

②粗骨料和细骨料用量的确定

a. 当采用重量法时，按式（2.3-7）、式（2.3-8）计算。

$$M_{cp}=M_{c0}+M_{w0}+M_{g0}+M_{s0} \tag{2.3-7}$$

$$\beta_{s0}=\frac{M_{s0}}{M_{g0}+M_{s0}}\times 100\% \tag{2.3-8}$$

式中 M_{c0}——每立方米混凝土的水泥用量，kg；

M_{g0}——每立方米混凝土的粗骨料用量，kg；

M_{s0}——每立方米混凝土的细骨料用量，kg；

M_{w0}——每立方米混凝土的用水量，kg；

M_{cp}——每立方米混凝土拌合物的假定重量（kg），其值可取 2400～2450kg；当采用轻骨料时其值可取 1350～2000kg；

β_{s0}——砂率，%。

b. 当采用体积法时，按式（2.3-9）、式（2.3-10）计算

$$\frac{M_{c0}}{\rho_c}+\frac{M_{g0}}{\rho_g}+\frac{M_{g0}}{\rho_s}+\frac{M_{w00}}{\rho_w}+0.01\alpha=1 \tag{2.3-9}$$

$$\beta_{s0}=\frac{M_{s0}}{M_{g0}+M_{s0}}\times 100\% \tag{2.3-10}$$

式中 ρ_c——水泥密度，kg/m³，可取 2900～3100；

ρ_g——粗骨料的体积密度，kg/m³；

ρ_s——细骨料的体积密度，kg/m³；

ρ_w——水的密度，kg/m³，可取 1000；

α——混凝土的含气量百分数，在不使用引气型外加剂时，α 可取 1。

(2) 混凝土配合比的试配、调整与确定

1) 试配

混凝土试配时应采用工程中实际使用的原材料。混凝土的搅拌方法应与生产时使用的方法相同。每盘混凝土的最小搅拌量应符合表 2.3-3 的规定。当采用机械搅拌时，搅拌量不应小于搅拌机定额搅拌量的 1/4。

混凝土试配用最小搅拌量　　　　表 2.3-3

骨料最大粒径（mm）	拌合物数量（L）
≤31.5	15
40	25

按计算的配合比首先应进行试验，以检查拌合物的性能。当试验得出的拌合物坍落度不能满足要求，或黏聚性和保水性能不好时，应在保证水灰比不变的条件下相应调整用水量或砂率，直到符合要求为止。然后提出供混凝土强度实验用的基准配合比。

混凝土强度实验时应至少采用三个不同的配合比，其中一个按上述计算得出的为基准配合比，另外两个配合比的水灰比，宜较基准配合比分别增加或减少 0.05，其用水量与基准配合比基本相同。砂率可分别增加或减少 1%。

当不同水灰比的混凝土拌合物坍落度与要求值相差超过允许偏差时，可以增、减用水量进行调整。

制作混凝土试件时，应检验混凝土的坍落度或维勃稠度、黏聚性、保水性及拌合物的体积密度，并以此结果作为代表相应配合比的混凝土拌合物的性能。

进行混凝土强度试验时，每种配合比应至少制作一组（三块）标准试件，并应标准养护至 28d 时试压。

2）配合比的调整与确定

由试验得出的各灰水比及其相应的混凝土强度关系，用作图法求出与混凝土配制强度 f_{cu0} 相对应的灰水比，例如要配制强度等级为 C10 的混凝土，其配制强度 f_{cu0} 为 11.6MPa，水灰比确定为 0.60 时，在其他材料配比不变的情况下，做水灰比 0.55、0.60、0.65 的试件三组，分别测其强度为 14.5MPa、11.2MPa 和 9.6MPa，将其作图（如图 2.3-1 所示），然后查出配制混凝土强度为 11.6MPa 时的灰水比。并按下列原则确定每立方米混凝土的材料用量。

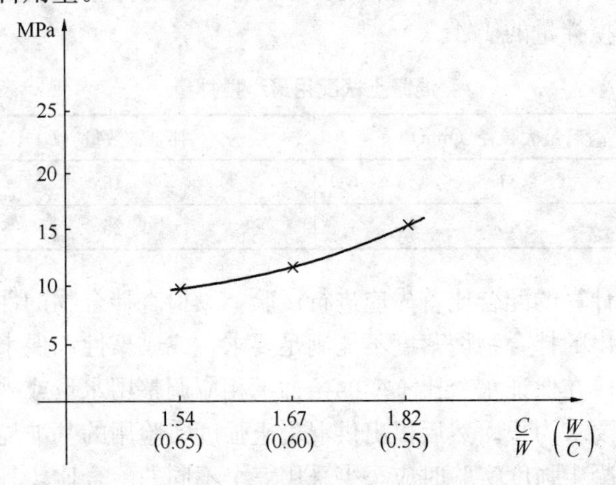

图 2.3-1 试配混凝土强度与灰水比对应图

用水量（M_w）应取基准配合比的用水量，并根据制作强度试件时测得的坍落度或维勃稠度进行调整；

水泥用量（M_c）应以用水量乘以选定出的灰水比计算确定；

粗骨料和细骨料（M_g 和 M_s）应取基准配合比中的粗骨料和细骨料用量，并按选定的灰水比进行调整。

当配合比经试配确定后，尚应按下列步骤校正：

根据确定的材料用量按式（2.3-11）计算混凝土的体积密度

计算值 ρ_{cc}，按式（2.3-12）计算混凝土配合比校正系数 δ

$$\rho_{cc} = M_c + M_w + M_g + M_s \quad (2.3\text{-}11)$$

$$\delta = \rho_{ct} / \rho_{cc}$$

式中 ρ_{ct}——混凝土体积密度实测值，kg/m^3；

ρ_{cc}——混凝土体积密度计算值，kg/m^3；

δ——混凝土配合比校正系数。

当混凝土体积密度实测值与计算值之差的绝对值不超过计算值的2%时，上述确定的配合比应为确定的设计配合比；当两者之差超过2%时，应将配合比中每项材料用量均乘以校正系数 δ 值，即为确定的混凝土设计配合比。

（3）配合比计算实例

1）设计

①配制炉渣轻骨料混凝土空心墙板混凝土，炉渣粒径为5～10mm与5mm以下两种。轻骨料混凝土设计强度等级为C20（即 $f_{cuk}=20MPa$）。

②测得5～10mm炉渣体积密度为 $800kg/m^3$，1h吸水率为4.0%，颗粒密度为 $1750kg/m^3$。筒压强度为4.0MPa；5mm以下的炉渣体积密度为 $900kg/m^3$，1h吸水率为4.0%，颗粒密度为 $1900kg/m^3$。

③计算混凝土的配制强度

$$f_{cu0} \geqslant f_{cuk} + 1.645\sigma \ (\sigma \text{取值} f_{cuk} \text{的} 10\%)$$

$$f_{cu0} \geqslant 20.0 + 1.645 \times 20.0 \times 10\%$$

$$f_{cu0} \geqslant 23.29$$

④确定水灰比

混凝土空心墙板挤出成型的干硬性混凝土水灰比一般在0.55～0.60之间，确定为0.55。

⑤计算选用水泥强度等级

$$f_{cu} = \frac{2f_{cu0}}{(C/W) - 0.61} = \frac{2 \times 23.29}{1.82 - 0.61} = 38.5$$

确定选用42.5级或42.5 R级普通水泥。

⑥确定每立方米混凝土用量

参照表 2.3-1 的规定，对于使用轻骨料挤压成型的混凝土空心墙板每立方米混凝土用水量一般为 140～165kg，选取 160kg/m³。

⑦确定每立方米混凝土的水泥用量

$$M_{c0}=\frac{M_{w0}}{W/C}=\frac{160}{0.55}=291\text{kg/m}^3$$

⑧确定砂率（在此即为细骨料占骨料总量的百分数）

按表 2.3-2 选定砂率（对于细砂可相应减小）为 43%，计算粗细骨料用量，选取拌合物的假定体积密度为 1500kg/m³。

由式（2.3-9）计算

$$M_{g0}+M_{s0}=1500-291-160=1049(\text{kg/m}^3)$$

再由式（2.3-10）计算细骨料用量：

$$M_{s0}=\frac{\beta(M_{s0}+M_{g0})}{100}=\frac{43\times1049}{100}=451(\text{kg/m}^3)$$

则粗骨料用量：$M_{g0}=1049\text{-}451=598(\text{kg/m}^3)$

根据以上计算结果，每立方米炉渣轻骨料混凝土拌合物的材料用量如下：

水泥：291kg；

5～10mm 炉渣：598kg；

5mm 以下炉渣：451kg，

水：160kg。

2）试配与调整

①以计算的炉渣轻骨料混凝土配合比为基准，另选两个相邻的水泥用量，分别为 270kg/m³ 和 310kg/m³，用水量仍为 160kg/m³。计算得到三组配合比，试拌调整用水量使混凝土和易性达到要求，校正配合比，经校正后的配合比试配三组样，养护 28d 后测其抗压强度。

②经试配结果，除水泥用量为 270kg/m³ 的配合达不到强度要求外，其余两配合比均能达到要求，因此选定水泥用量为

290kg/m³ 的配合比为炉渣轻骨料混凝土的配合比。

③测得选定的混凝土拌合物在浇注后的振实密度为 1450kg/m³，则制成量系数或混凝土配合比校正系数：

$$\delta = \frac{\rho_{ct}}{\rho_{cc}} = \frac{1450}{1500} = 0.97$$

混凝土的配合比调整如下：

水泥：290/0.97＝299kg/m³；

粗炉渣：598/0.97＝616kg/m³；

细炉渣：451/0.97＝465kg/m³；

净用水量：160/0.97＝165kg/m³；

总用水量：165＋616×10％＋465×4.0％＝245.2kg/m³。

第3章　工业灰渣混凝土空心墙板的性能

3.1　工业灰渣混凝土空心墙板的外观质量与尺寸偏差要求

（1）外观质量要求

混凝土空心墙板的外观质量、外形尺寸与生产工艺、设备、骨料颗粒、配比和生产管理有关。外观质量如裂缝、气孔、缺棱掉角等直接影响墙体强度和耐久性；外形尺寸的偏差直接影响墙体装配和装配质量。因此对混凝土空心墙板的外观质量的尺寸偏差有严格的规定，建设部《建筑隔墙用轻质条板》JG/T169—2005标准对工业灰渣混凝土空心隔墙条板的外观质量和尺寸偏差的规定见表3.1-1和表3.1-2；上海市推荐性应用标准《轻骨料混凝土多孔墙板应用技术规程》对外观质量和尺寸偏差的规定见表3.1-3和表3.1-4。

工业灰渣混凝土空心墙板外观质量　　表3.1-1

序号	项　目	指标
1	板面外露筋纤；板面、板边、板端：横向、纵向、厚度方向贯通裂缝（每块）	无
2	板面裂缝，长度50～100mm，宽度0.5～1mm（每块）	≤2处
3	蜂窝气孔，长径5～30mm（每块）	≤3处
4	缺棱掉角，宽度(mm)×长度(mm)：10×25～20×30（每块）	≤2处

工业灰渣混凝土隔墙条板尺寸偏差　　表3.1-2

序　号	项　目	允许偏差（mm）
1	长度	±5
2	宽度	±2
3	厚度	±1

续表

序　号	项　目	允许偏差（mm）
4	板面平整	2
5	对角线差	8
6	侧向弯曲	L/1250
7	榫头宽	0，－2
8	榫头高	0，－2
9	榫槽宽	＋2，0
10	榫槽深	＋2，0

AC 轻骨料混凝土多孔墙板的外观质量要求　　表 3.1-3

项　目			允许范围	
			一等品	合格品
缺棱掉角	长度（mm）⩽		20	50
	宽度（mm）⩽		20	50
	数量（处）⩽		2	3
板面裂缝	横向贯穿裂缝与非贯穿裂缝		不允许	不允许
	纵向	长度（mm）	不允许	⩽50
		宽度（mm）	不允许	⩽1
		数量（处）	不允许	⩽2
蜂窝气孔	长度（mm）⩽		10	30
	宽度（mm）⩽		4	5
	数量（处）⩽		1	3
飞边毛刺			不允许	不允许

AC 轻骨料混凝土多孔墙板的尺寸偏差（mm）　　表 3.1-4

序号	项目		一等品	合格品
1	规格尺寸	长度	±3	±5
		宽度	±1	±2
		厚度	±1	±2
		对角线差	⩽10	⩽10
		接缝槽宽	±2	±2
		接缝槽深	±0.05	±0.05
2	外形	板面平整	⩽2	⩽2

(2) 外观质量检验

对受检板，视距 0.5m 左右，目测有无外露筋纤、贯通裂缝；用精度为 0.5mm 的钢直尺量测板面裂缝、蜂窝气孔、缺棱掉角数据，并记录缺陷数量。

(3) 尺寸偏差检验

1) 长度检验

量测三处：

板端两处：各距两板边 100mm，平行于该板边；

板中一处：过两板端中点。如图 3.1-1 所示。

用精度 1mm 的钢卷尺拉测，取三处测量数据的算术平均值为检验结果，数据精确至 1mm。

图 3.1-1 长度测量位置

2) 宽度检验

量测三处：

板端两处：各距两板端 100mm，平行于该板端；

板中一处：过两板边中点。如图 3.1-2 所示。

用精度为 1mm 的钢直尺配合直角尺测量，取三处测量数据的算术平均值为检验结果，数据精确至 1mm。

3) 厚度检验

在各距板两端 100mm，两边 100mm 及横向中线处布置测点，如图 3.1-3 所示共量测六处。

用精度为 0.5mm 的钢直尺，或用外卡钳和游标卡尺配合测量，读数读至 0.1mm，记录测量数据。

取六处测量数据的算术平均值为检验结果，精确至 1mm。

4) 板面平整检验

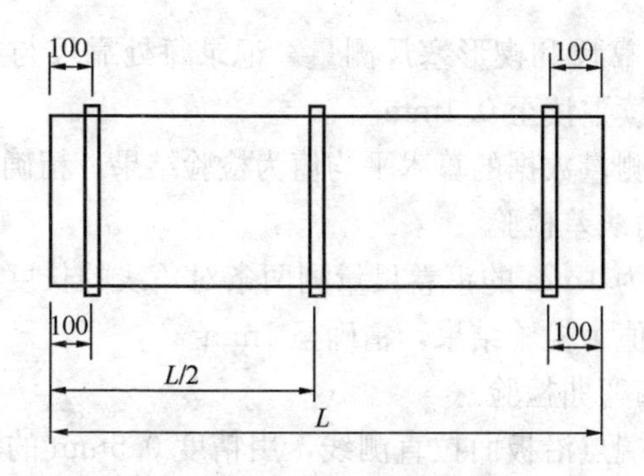

图 3.1-2　宽度测量位置

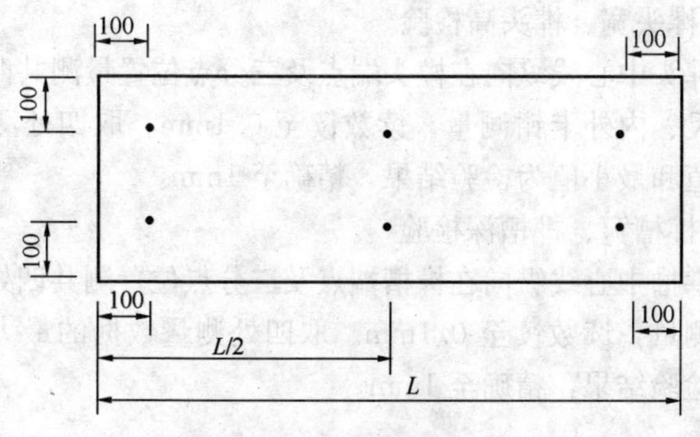

图 3.1-3　厚度测量位置

受检板两板面各量测三处，共六处。第一处：使靠尺中点位于板面中心，靠尺尺身重合于板面一条对角线；另二处：靠尺位置关于板面中心对称，靠尺一端于板面另一条对角线端点，靠尺另一端交于对边板边，如图 3.1-4 所示，条板另一面测量位置与图示位置关于条板中心对称。

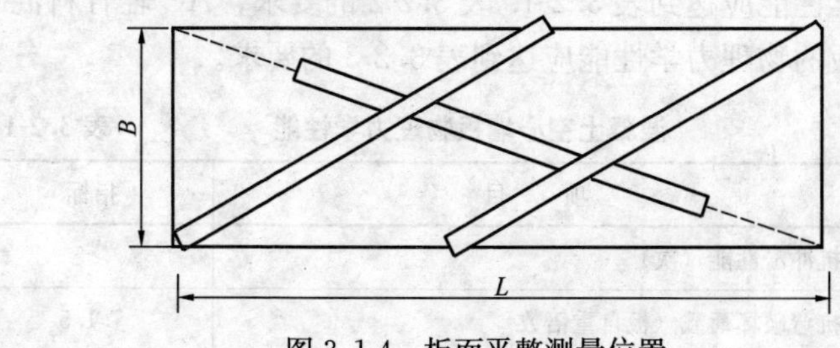

图 3.1-4　板面平整测量位置

用 2m 靠尺和楔形塞尺测量。记录每处靠尺与板面最大间隙的读数，读数读至 0.1mm。

取六处测量数据的算术平均值为检验结果，精确至 1mm。

5）对角线差检验

用精度为 1mm 的钢卷尺量测两条对角线的长度，取两个测量数据的差值为检验结果，精确至 1mm。

6）侧向弯曲检验

过板边端点沿板面拉直测线，用精度 0.5mm 的钢直尺量测板边侧向弯曲处，取最大测量值为检验结果，精确至 1mm。

7）榫头宽、榫头高检验

沿榫头中心线纵向在榫头端点及三分点位置量测共四处。用钢板直尺、内外卡钳测量，读数读至 0.1mm。取四处测量数据的最大值和最小值为检验结果，精确至 1mm。

8）榫槽宽、榫槽深检验

沿榫槽中心线纵向在榫槽端点及三分点位置测共四处。用钢板直尺测量，读数读至 0.1mm。取四处测量数据的最大值和最小值为检验结果，精确至 1mm。

3.2 混凝土空心墙板的物理力学性能

混凝土空心墙板的物理力学性能与配合混凝土的水泥用量、骨料类型及强度、配合比、生产工艺与设备等有关。

为了满足墙体的强度和使用功能的要求，混凝土空心墙板的物理力学性能应达到表 3.2-1. 表 3.2-2 的要求，AC 轻骨料混凝土多孔板的物理力学性能应达到表 3.2-3 的要求。

混凝土空心墙板物理力学性能　　表 3.2-1

序号	项　目	指标
1	抗冲击性能（次）	≥5
2	抗弯破坏荷载（板自重倍数）	≥1.5

续表

序号	项　目	指标
3	抗压强度（MPa）	≥3.5
4	面密度（kg/m^2）	≤70/90/110
5	含水率（%）	≤12/10/8
6	干燥收缩值（mm/m）	≤0.6
7	吊挂力（N）	≤1000
8	空气声计权隔声量（dB）	≥30/35/40
9	耐火极限（h）	≥1.3
10	放射性比活度限值	≤1
11	软化系数	>0.8

注：含水率三项可选择指标不同限值规定对应的使用地区如表 3.2-2 所示。

条板不同相对含水率限值规定对应的使用地区　　表 3.2-2

含水率（%）	≤12	≤10	≤8
使用地区	潮湿	中等	干燥

潮湿——系指年平均相对湿度大于 75%的地区；
中等——系指年平均相对湿度 50%～75%的地区；
干燥——系指年平均相对湿度小于 50%的地区

AC 轻骨料混凝土多孔墙板的物理力学性能　　表 3.2-3

板型号	含水率（%）	抗折破坏荷载（N）≥		气干面密度（kg/m^3）	抗冲击性（次）≥	吊挂力（N）≥	空气声计权隔声量（dB）≥	燃烧性能	耐火极限（h）≥
		一等品	合格品						
AC75Q	10	1500	1300	40	5	800	35	非燃体	1.0
AC75B		2300	2100	60			39		1.0
AC100Q		2300	2100	50			40		1.5
AC100B		3000	2800	80			42		1.5
AC120Q		3000	2800	72			40		1.5
AC120B		3200	3000	95			45		1.5

注：型号表示方法：AC 挤压成型轻骨料混凝土板的代号；75（或 100，或 120）—板厚；Q—轻板；B—标准板。

3.3 混凝土空心墙板的物理力学性能测试方法

3.3.1 含水率实验方法

试件制取：从条板上沿板长方向截取试件三件为一组样本，试件高度为100mm，长度与条板宽度尺寸相同、厚度与条板厚度尺寸相同。试件试验地点如远离取样处，则在取样后应立即用塑料袋将试件包装密封。

试件取样后立即称取其取样重量 m_1，精确至0.01kg，如试件为用塑料袋密封运至者，则在开封前先将试件连同包装袋一起称量；然后称量包装袋的重量，称前应观察袋内是否出现由试件析出的水珠，如有水珠，应将水珠擦干。计算两次称量所得重量的差值作为试件取样时重量，精确至0.01kg。

将试件送入电热鼓风干燥箱内（试件烘干温度为水泥条板105℃，石膏条板50℃，夹芯条板60℃）干燥24h。此后每隔2h称量一次，直至前后两次称量值之差不超过后一次称量值的0.2%为止。

试件在电热鼓风干燥箱内冷却至与室温之差不超过20℃时取出，立即称量其绝干重量 m_0，精确至0.01kg。试验数据计算与结果取值：每个试件的含水率按式（3.3-1）计算，精确至0.1%。

$$W_1 = \frac{m_1 - m_0}{m_0} \times 100\% \qquad (3.3\text{-}1)$$

式中 W_1——试件的含水率，%；

m_1——试件的取样重量，kg；

m_0——试件的绝干重量，kg。

条板的含水率 W_1 以三个试件含水率的算术平均值表示，精确至0.1%。

3.3.2 抗压强度实验方法

墙板在受压情况下能承受的最大破坏荷载与受压面积的比值为墙板的抗压强度。抗压强度高，墙板能承受的受压荷载大，否则反之。抗压强度的大小与混凝土配方、墙板生产工艺及生产控制等有关。

（1）抗压强度试验仪器设备

压力机——100～300kN，二级精度以上；

切割机——型材切割机。

（2）试件制备

沿墙板的板宽方向依次截取厚度为条板厚度尺寸，高度为100mm，长度为包括一个完整孔间肋的单元试件（如图3.3-1所示），三块为一组样本。

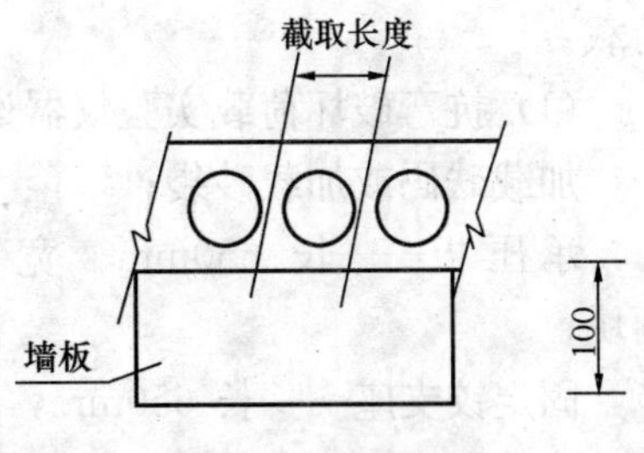

图3.3-1 抗压试件截取方法

处理试件的上下表面（垂直于孔的两表面），使之成为相互平行且与试件孔洞圆柱轴线垂直的平面。必要时可调制水泥砂浆处理上表面和下表面（用水泥砂浆抹面），并用水平尺调整至水平，养护3d，以备试压。

（3）实验步骤及结果计算

制备好的试件风干24h后置于压力承压板上（如果承压板面积不够，可在上下表面加4～5mm厚，长宽分别大于试件5～10mm的钢板），使试件的轴线与压力机压板的中心重合，以0.3～0.5MPa/s[约30～50kN/(m^2·s)]的速度加荷直至试件破坏，记录最大破坏荷载P。

每块试件的抗压强度按下式计算。精确到0.01MPa

$$R=\frac{P}{lb} \tag{3.3-2}$$

式中 R——试件的抗压强度，MPa；

P——试件的最大破坏荷载，N；

l——试件受压面的长度，mm；

b——试件受压面的宽度，mm。

墙板的抗压强度以三块试件抗压强度算术平均值表示，精确至0.1MPa。

3.3.3 抗弯破坏荷载实验方法

墙板装配成墙体后，墙体要受到各种长期弯曲力的作用，例如柜子靠在墙上等，抗弯破坏就是测试墙板能承受的最大抗弯荷载。

（1）抗弯破坏荷载实验仪器设备

加载砝码或加载砂袋；

承压板——长 650mm、宽 100mm、厚 6～15mm 钢板两块；

固定铰支座——长 650mm，50mm×50mm 角钢一块；

滚动铰支座——长 650mm，ϕ25 钢管一根。

（2）试件制备

取达养护龄期，长度尺寸不小于 2000mm 的墙板一块。

（3）实验步骤

将墙板简支在支座长度大于板宽尺寸的两个平行支座上（如图 3.3-2 所示），其一端用定铰支座，另一端为滚动铰支座，支座中间间距调至 $L-100$mm，两端伸出长度相等。

墙板加上去后空载静止 2min，然后分五级施加荷载，每级荷载为板自重的 20%。

加荷方式为均布加荷，用堆荷方法从两端向中间均匀加荷共计五堆，堆长相等，间隙均匀，堆宽与板宽相同。前四级每级加荷后静止 2min，第五级加荷后静止 5min，此后依次分级加荷方式循环加荷直至断裂。记取第一级荷载至断裂前一级荷载总和作为实验结果（实验结果仅适用于所测条板长度尺寸以内的墙板抗弯破坏情况）。

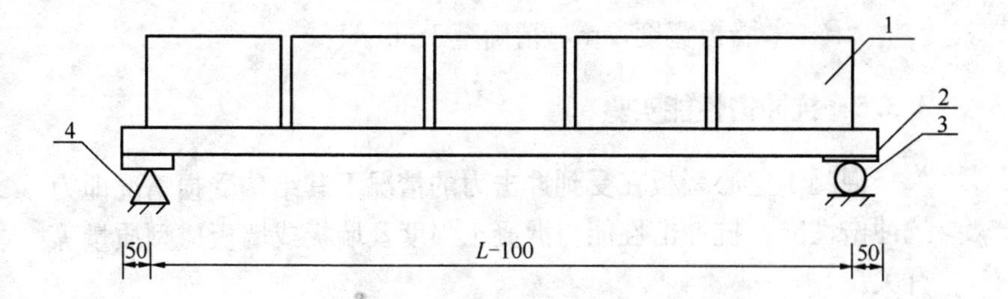

图 3.3-2 均布荷载测试抗弯破坏装置

1—加载砝码；2—承压板（宽 100mm，厚 6～15mm。钢板）；
3—滚动铰支座（ϕ60mm 钢柱）；4—固定铰支座

3.3.4 面密度的测试

面密度对于建筑工程设计是一个重要的数据。面密度的大小主要取决混凝土密实度和骨料的密度。

（1）面密度测试仪器设备

磅秤——称量 500kg，感量 0.5kg；

钢卷尺——5m 钢卷尺，分度值 1mm。

（2）试件

取已达养护龄期，干燥的墙板一块用于检测。

（3）实验步骤及结果计算

用磅秤称抽取的试件重量，精确至 0.5kg；测量试件的长度，精确至 1mm。墙板的长度按图 3.1-1 所示测量三处，取三处的测量数据的算术平均值为检验结果；测量墙板的宽度，墙板的宽度按图 3.1-2 所示测量三处，取三处的测量数据的算术平均值为检验结果，数据精确至 1mm。

$$\rho = \frac{W}{AB} \tag{3.3-3}$$

式中 ρ——面密度，kg/m²，精确至 0.1kg；

W——墙板称量重，kg，精确至 0.5kg；

A——墙板长度，m，精确至 1mm；

B——墙板宽度，m，精确至 1mm。

3.3.5 抗冲击性能实验

混凝土空心墙板在受到冲击力的情况下其结构受损情况即为抗冲击性能，抗冲击性能与混凝土强度及墙板或墙板成型质量等有关。

（1）仪器设备

试验装置如图 3.3-3 所示；

标准砂袋如图 3.3-4 所示。

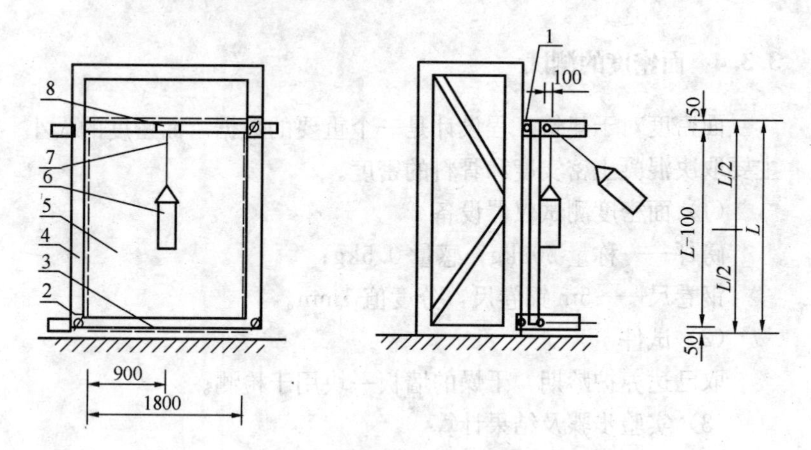

图 3.3-3 抗冲击性能试验装置

1—钢管（ϕ50mm）；2—横梁紧固装置；3—固定横梁（1 号热轧等边角钢）；4—固定架；5—条板拼装的隔墙试件；6—标准砂袋；7—吊绳（直径 15mm）；8—吊环（内径 52mn）

（2）试件制备

取长度尺寸不小于 2000mm，养护达龄期的墙板三块为一级样本。如图 3.3-3 所示组装并固定，上下钢管中心间距为板长减去 100mm，板缝用砂子粒径不大于 1mm 的水泥水玻璃砂浆效结，砂浆强度等级不小于 M7.5。板与板之间挤紧，接缝处用玻璃纤维布搭接，并用水泥水玻璃砂浆刮平。

（3）实验步骤及结果记录

拼接的墙板放置一天后，将如图 3.3-4 所示装有 30kg 粒径 2mm 以下细砂的标准砂袋用直径 15mm 的绳子固定在其中心距离板面 100mm 的钢环上，使砂袋垂直状态时的中心位于 $L/2$ 高处。

以绳长为半径沿圆弧将砂袋在与板面垂直的平面内拉开使重心提高 55mm（用标尺测量），然后自由摆动落下，冲击设定的位置，反复 5 次。每次冲击后目测背面有无贯通裂缝，并记录实验结果（实验结果仅适用于所测墙板长度尺寸以内的墙板）。

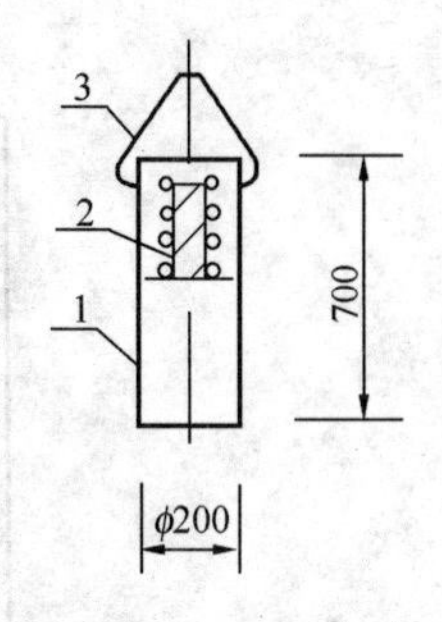

图 3.3-4 标准砂袋
1—帆布；2—注砂口；3—皮革（厚 6mm，宽 40mm，长 70mm）

3.3.6 吊挂力试验

建筑物墙体都有可能吊挂物体，例如空调、热水器等，吊挂力实验就是检验墙板能否承受一定重量的物体吊挂而不破坏墙板。

（1）仪器设备

吊挂试验装置——如图 3.3-5 所示；

钢板吊挂件——如图 3.3-6 所示。

（2）试件制备

取达养护龄期，长度大于 2500mm 的混凝土空心墙板一块，在板中高 2000mm 处切一深 50mm、高 40mm、宽 90mm 的孔洞，扫清残渣后，用强度大于 M10.0 的水泥水玻璃粘结（或其他粘结剂）如图 3.3-6 所示的钢板吊挂件。吊挂孔与板面间间距为 100mm，24h 后检查吊挂件安装是否牢固，否则重装。

（3）实验步骤及结果记录

安装好吊挂件的试件养护三天后，将试件如图 3.3-5 所示固定，上下管间距为 L—100mm。

通过钢板吊挂件的圆孔分两级加荷载。第一级加荷载 500N，

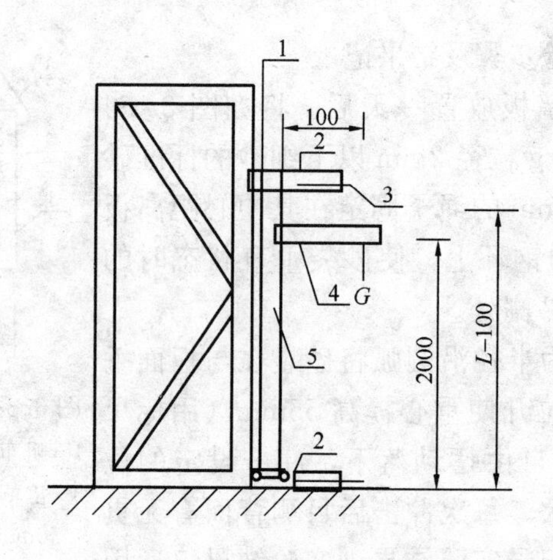

图 3.3-5　吊挂力试验装置

1—钢管（ϕ50mm）；2—固定横梁（10 号热轧等边角钢）；
3—紧固螺栓；4—钢板吊挂件；5—试验用条板

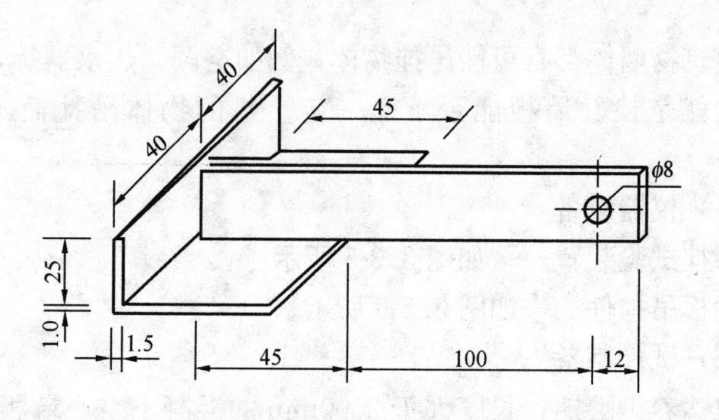

图 3.3-6　钢板吊挂件

静止 2min，观察吊挂区周围板面有无 0.5mm 以上裂缝，第二级再加荷载 500N，静止 24h，观察吊挂区周围板面周围有无 0.5mm 以上裂缝。记录实验结果。

3.3.7　干燥收缩试验

混凝土空心墙板受环境干、湿交替的变化会产生干燥收缩；温度变化时会产生热胀冷缩；干燥收缩和冷缩都会给墙体造成裂缝，会对建筑物的安全和使用年限产生影响。干燥收缩与混凝土配比、强度、密实度、生产工艺设备及使用环境等情况有关，一般收缩值在 0.5%左右。

（1）仪器设备

收缩头如图 3.3-7 所示。

千分尺。

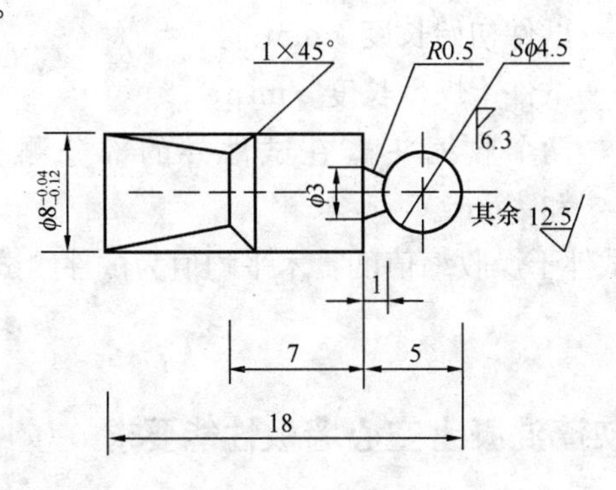

图 3.3-7　收缩头

（2）试件制备

取试验墙板一块，沿板宽方向截取试件，高度为 100mm，长度为包括三个完整孔间肋的单元试件，五件为一组样本。

在每块试件两个端面中心各钻一个直径 8～10mm、深 14～18mm 的孔洞，在孔洞内灌入水玻璃调和的水泥浆，然后在孔洞内理置收缩头，使每个收缩头的中心线重合，且使收缩头露在试件外的那部分测头的长度 η_1 及 η_2 均在 5～10mm 之间。

试件制备好放置一天后，检查测头是否安装牢固，否则重装。

（3）实验步骤及结果计算

将制备好的试件测量初始长度 L_1。然后将试件浸没在（20±2)℃，相对湿度（55±5)%的标准干燥空气室内进行收缩值测量，每天测量一次，直至达到干燥收缩平衡，即连续 3 天内任意 2 天的测长读数波动值小于 0.01mm，量出试件干燥后的长度L_2。

试件干燥收缩值按下式计算：

$$S=\frac{L_1-L_2}{L_1-(\eta_1+\eta_2)}\times 1000 \quad (3.3\text{-}4)$$

式中　S——干燥收缩值，mm/m；

L_1——试件初始长度，mm；

L_2——试件干燥后长度，mrn；

$(\eta_1+\eta_2)$——两个收缩头露在试件外的部分测头的长度之和，mm。

取五块试件干燥收缩值的算术平均值为试件测试结果，精确至0.01%。

3.4 工业灰渣混凝土空心墙板性能要求

《工业灰渣混凝土空心隔墙墙板》JG 3063—1999 中对板的性能要求：

气干面密度：≤80kg/m^2

抗弯破坏荷载（kN）：≥板自重的1.0倍

干燥收缩值（mm/m）：≤0.6

抗冲击性（次数）：≥5

吊挂力（N）：≥1000

抗压强度（MPa）：≥5

空气声计权隔声量（dB）：≥35

耐火极限（h）：≥1

1）气干面密度：在绝干状态下每m^{2}墙板的质量值就是隔墙板的面密度，单位是kg/m^2。面密度的大小会直接影响墙板的物理力学性能，尤其对空气隔声影响最大。面密度过小，物理力学性能差，可过大又增加了板的重量。因此，要从性能和板重两个方面权衡利弊，来确定适中的面密度。根据规定，板的面密度取值尽量接近 80kg/m。

2）抗弯破坏荷载：墙板在使用状态是自承重的受压构件，不承受梁板柱承重结构传递的任何荷载，即属于非承重构件。但是在起板、运输和安装过程中可能受弯，因此抗弯强度是必需关注的技术指标。指标是按板自重的倍数来确定，试验方法大致如下：试验墙板的长度不小于 2m，水平放置，两度支座距板头 5cm，分五级加载荷载，每级荷载为板自重的 20%，加到五级荷载一般未出现破坏，即板的抗弯荷载大于板的自重 1.0 倍，符合要求。

3）干燥收缩值：干燥收缩值是墙板物理性能中，相当重要的技术指标。比较大的干燥收缩量、将意味着会出现比较多的干缩裂缝。JG 3063—1999 规范要求干燥收缩值不大于 0.6mm/m。

4）抗冲击性：轻质墙板的抗冲击性能是墙板承受 30kg 的砂袋落差 0.5m 不出现贯通裂纹的摆动冲击次数。

5）吊挂力：轻质墙板通过钢板吊挂架的圆孔加载后，静置 24h 不出现贯通裂缝的荷载值。

6）抗压强度：轻质墙板的抗压强度包括自然状态下的、绝干状态下的以及饱水状态下的抗压强度。轻集料混凝土因饱水而软化，因此，绝干状态下的抗压强度最大，自然状态下的值居中，饱水状态下的值最小。抗压强度是轻质墙板的另一重要性能指标，试验方法如下：取沿墙板的板宽方向依次取厚度为墙板厚度尺寸、高度为 100mm、长度为包括一个完整孔及两条完整孔肋的单元体试件，置于试验机承压板中使试件的轴线（试件孔洞圆柱轴线）与试验机压板的中心轴线重合，加载至试件破坏，测得的抗压强度即为空心墙板成品的材料抗压强度。

7）空气声计权隔声量：按 GBJ 88 的规定执行。

8）耐火极限：按 GB/T 9978 的规定执行。

第 4 章　工业灰渣混凝土空心墙板生产

4.1　工业灰渣混凝土空心墙板生产工艺

工业灰渣混凝土空心墙板生产工艺流程因选用的生产设备不同而有所差异，目前国内较具有代表性的工艺流程如图 4.1-1～图 4.1-3 所示。

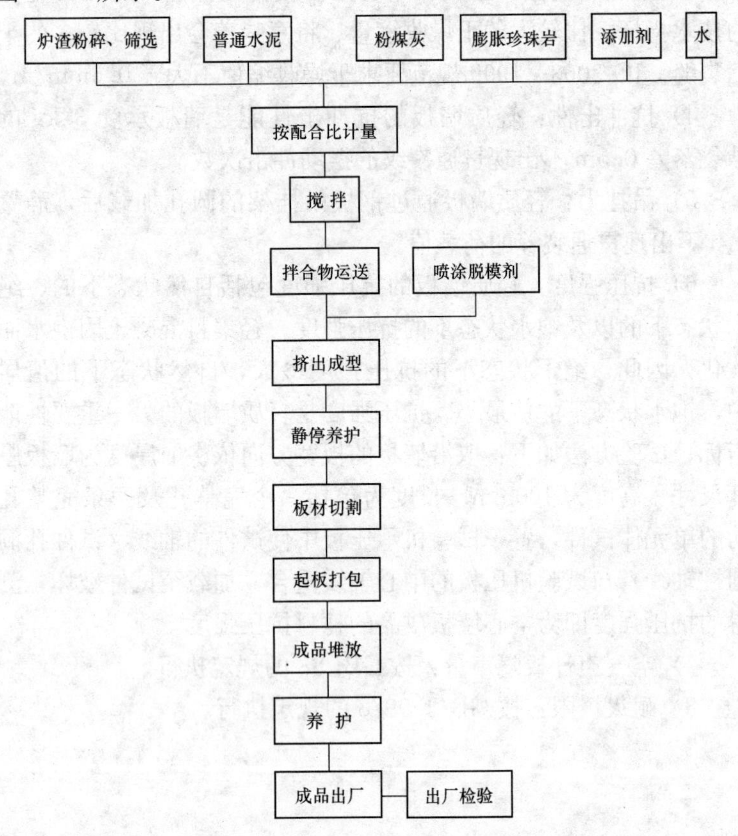

图 4.1-1　工业灰渣混凝土空心墙板生产工艺流程图之一

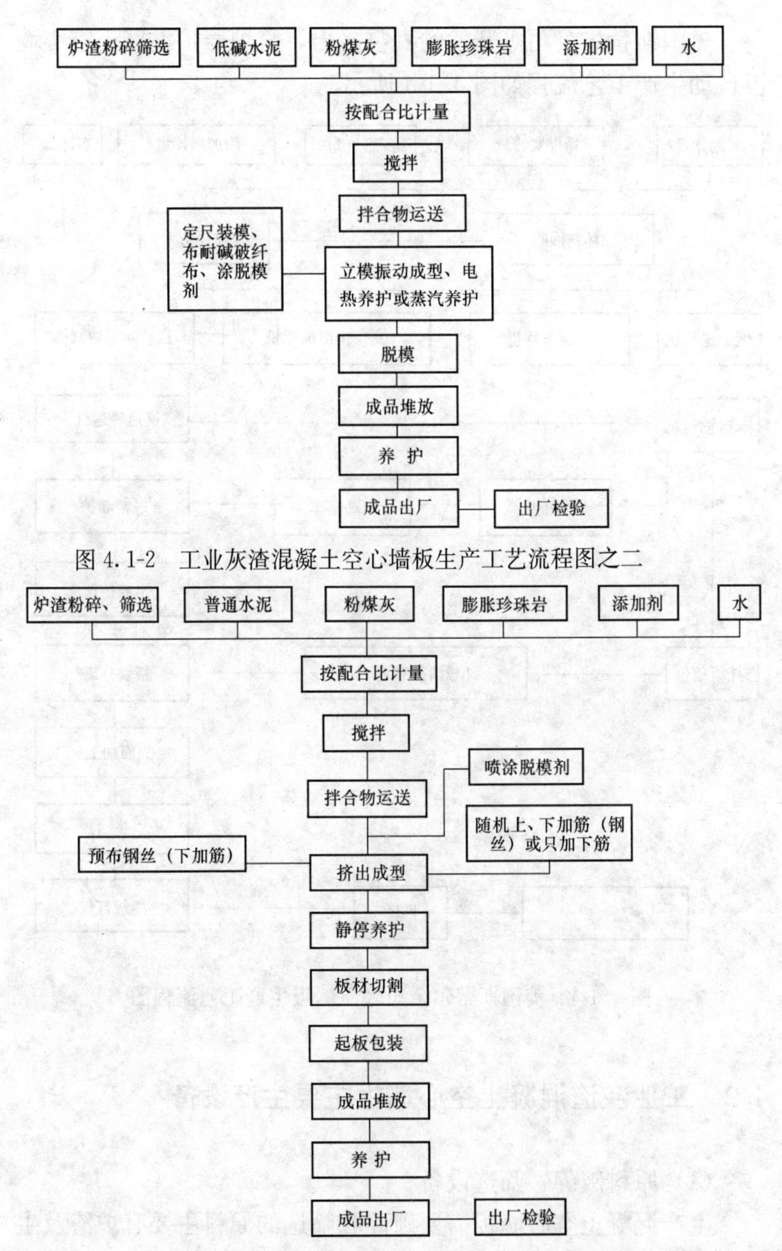

图 4.1-2　工业灰渣混凝土空心墙板生产工艺流程图之二

图 4.1-3　工业灰渣混凝土空心墙板生产工艺流程图之三

美国斯蒂尔公司等开发的真空挤出，窑炉养护混凝土空心墙板自动生产工艺流程如图 4.1-4 所示。

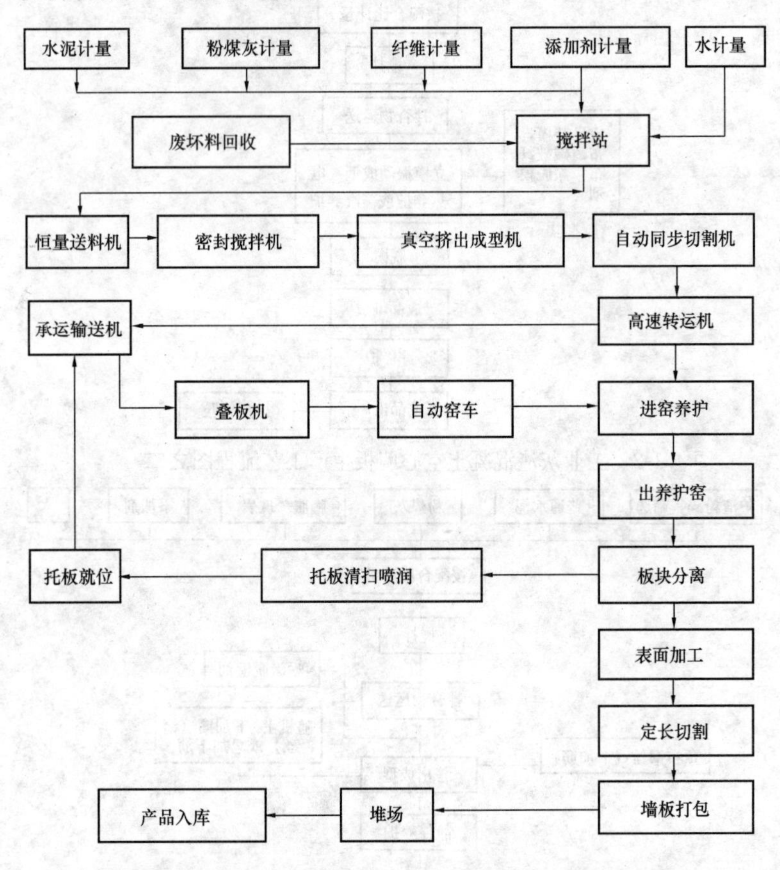

图 4.1-4　美国斯蒂尔公司轻质墙板生产工艺流程图

4.2　工业灰渣混凝土空心墙板主要生产设备

(1) 原料破碎、筛选设备

生产混凝土空心墙板需要破碎和筛选的原料主要有炉渣及生产过程的边角料。对于这些原料的破碎一般采用颚式破碎机、锤式破碎机和立轴式破碎机等。

1）颚式破碎机

颚式破碎机主要用于破碎大块边角废料，一般选用 PE 150 或 PE 250 复摆颚式破碎机。表 4.2-1 列出了这两种型号颚式破碎机的主要参数。

2）锤式破碎机

生产混凝土空心墙板所用的骨料一般都不是很大，经过筛选后需经破碎的量也不是很大，因此一般都选用较小的锤式破碎机械配套设备，表 4.2-2 为立轴锤式破碎机的技术指标。

3）筛分设备

经过破碎的炉渣等要经过筛分分为粗骨料和细骨料，筛分设备一般为转筒筛式成振动筛式。振动筛分机的主要技术参数如表 4.2-3 所示。

PE 系列复摆颚式破碎机技术参数　　表 4.2-1

产品型号		PE 150	PE 250
给料口尺寸	宽度（mm）	150	250
	长度（mm）	250	400
最大给料粒度（mm）		140	210
排料口调整范围（mm）		15～40	25～60
生产能力（m^3/h）		3	7.5

立轴锤式破碎机主要技术参数　　表 4.2-2

指　标	JMD3 型
生产效率（T/H）	3
破碎筒直径（mm）	500
破碎锤数量（个）	4
功率（kW）	3
外形尺寸（长×宽×高）（mm）	1000×600×800
自重（kg）	500

筛分设备主要技术参数　　表 4.2-3

指　　标	JMD15（10）型
筛网最大孔径（mm）	15
筛网最小孔径（mm）	10
生产功率（m^3/h）	5
功率（kW）	3
外形尺寸（长×宽×高）（mm）	2500×900×1300
自重（kg）	500

（2）原料储存与配料计量设备

经过筛分后的原料分别储存，一般情况下骨料用堆场或堆棚储存，水泥（散装）和粉煤灰用储仓储存。配料计量设备骨料一般采用电子皮带秤，水泥（散装）和粉煤灰用单管螺旋计量秤。

（3）搅拌设备

混凝土搅拌设备主要有转筒搅拌机、主轴式搅拌机和卧轴式搅拌机等。生产混凝土空心墙板所使用的混凝土为干硬性或塑性混凝土，一般采用立轴式或卧轴式搅拌机。

1）常用的立轴式搅拌机有 JMD500 型强制式轻骨料混凝土搅拌机，该机由上料系统、搅拌系统、电控系统、供水系统和卸料机构组成；搅拌系统采用立轴涡桨强制式。多组经过妥善布置的叶片在搅拌桶内以额度速度旋转，使物料在较短时间内达到需要的均匀程度，保证轻骨料在搅拌过程中较小的破碎率。对于小规模生产线可采用 350 L 型高效立轴式搅拌机。

2）常用的卧轴式搅拌机有 JS350 型、JS500 型，该型混凝土搅拌机是由上料系统、搅拌系统、卸料系统、供水系统和供电系统等部分组成；该型号搅拌机适应性强，可搅拌卵石、碎石混凝土、轻骨料混凝土及各种砂浆，工作稳定，因此常被混凝土空心墙板生产企业选用。

（4）供料设备

搅拌好的拌合料采用供料车（对于小规模企业采用手推车）

将拌合料送往成型机成型。

常用的供料设备有JMD500L型多功能机动液压供料车，主要技术参数见表4.2-4。

JMD500L型多功能液压供料车主要技术性参数　　表4.2-4

<table>
<tr><th colspan="4">指　标</th><th>JMD500L型</th></tr>
<tr><td colspan="4">供料箱容积（L）</td><td>500</td></tr>
<tr><td colspan="4">额定起重量（kg）</td><td>1000</td></tr>
<tr><td colspan="4">载荷中心距（mm）</td><td>500</td></tr>
<tr><td colspan="4">最大起升高度（mm）</td><td>3000</td></tr>
<tr><td colspan="4">最大起升速度（满载）（mm/s）</td><td>450</td></tr>
<tr><td colspan="4">门架倾角前/后　（度）</td><td>15</td></tr>
<tr><td rowspan="4">行驶速度</td><td rowspan="2">前进</td><td>1挡</td><td rowspan="4">（km/h）</td><td>8</td></tr>
<tr><td>2挡</td><td>14</td></tr>
<tr><td rowspan="2">后退</td><td>3挡</td><td>8</td></tr>
<tr><td>4挡</td><td>14</td></tr>
<tr><td colspan="4">最小转弯半径（mm）</td><td>1780</td></tr>
<tr><td colspan="4">最大爬坡度（%）</td><td>20</td></tr>
<tr><td colspan="4">动力装置</td><td>柴油机</td></tr>
<tr><td rowspan="7">发动机</td><td colspan="3">型号</td><td>380</td></tr>
<tr><td colspan="3">定额功率（kw）</td><td>19</td></tr>
<tr><td colspan="3">额定功率时转速（r/min）</td><td>2000</td></tr>
<tr><td colspan="3">最大扭矩（N/m）</td><td>80</td></tr>
<tr><td colspan="3">最大扭矩时转速（r/min）</td><td>1680</td></tr>
<tr><td colspan="3">前轮胎</td><td>6.00-9-8PR</td></tr>
<tr><td colspan="3">后轮胎</td><td>5.00-9-8PR</td></tr>
<tr><td rowspan="3">外形尺寸</td><td colspan="2">长</td><td rowspan="3">（mm）</td><td>2878</td></tr>
<tr><td colspan="2">宽</td><td>1000</td></tr>
<tr><td colspan="2">高</td><td>2010</td></tr>
<tr><td colspan="4">自重（kg）</td><td>2173</td></tr>
</table>

(5) 成型设备

混凝土空心墙板的成型设备主要为挤压成型机和立模振动电热（蒸汽）养护成型机。

1) 挤压成型机

挤压成型机目前是混凝土空心墙板生产企业广泛选用的一种成型设备，其工作原理为：主电机经过减速箱多级变速并带动多根螺杆旋转，将来自振动料斗内的物料经过各自的导料管准确推挤至成型胶，当振动装置的振动力达到工作状态时，在螺杆推挤力和挤振力的综合作用下将混凝土拌合物挤压密实，被挤压的物料对螺杆产生反作用力，推动整机前进，同时完成墙板抽空，从而实现连续生产。

目前国内生产挤压成型机设备的厂家有十余家，具有代表性的有上海德志机械有限公司（合肥金马集团）、建邦机械制造有限公司、沈阳三众发展事业公司、雷诺技术发展有限责任公司。北京达华汽车附件品厂新型墙体材料分厂等，其因生产的挤压成型机大同小异。

2) 立模成型机

立模成型机的工作原理是：在主电动机的带动下将装入立模的混凝土拌合料振实，然后通过装在侧立模板内的电热元件对混凝土空心墙板加热养护或者将立模成组推入蒸汽养护室加热养护，使混凝土在较短时间内凝结水化达一定强度后脱模。

立模成型生产周期短，需要的场地小，但不能连续生产，一组模成型 6～8 块，适用于长 3000mm 左右的墙板，成型完一组需脱模才能重新组模生产等特点。

国内生产立模成型机的厂家主要有河南玛纳模板公司等。

(6) 切割设备

挤压成型的混凝土空心墙板凝结硬化，养护 24h（冬季为 48h）后，应按用户要求长度进行切割，切割所用的设备一般为 JMD 200 型条板切割机、YZQ 400 型液压切割机和 ZQJ400 型条板切割机。

(7) 起板、吊装、打包、码垛设备

起板、吊装、打包、码垛常用的设备有活动式 JMD 200 型起板吊装机；打包常用人工操作；运板采用人工运板车和 DPC 型电动运板车；码垛一般采用液压叉车或人工码垛。

(8) 挤压成型混凝土空心条板成套设备明细

挤压成型混凝土空心条板成套设备明细见表 4.2-5。

挤压成型混凝土空心条板成套设备明细表　　　表 4.2-5

序号	设备名称	型号	生产规模及设备配套数量 (m^2/a)		
			规模线 30 万	标准线 15 万	小型线 3～6 万
1	条板挤压机	JMD90-600J		三种型号中任意两台	
2	条板挤压机	JMD120-500J			
3	条板挤压机	JMD190-390J			
4	条板挤压机	JMD90-600R			三种型号中任意一台
5	条板挤压机	JMD120-500R			
6	条板挤压机	JMD190-390R			
7	条板挤压机	JMD90-1200SJ	1		
8	条板挤压机	JMD120-500SJ	1		
9	条板挤压机	JMD190-780SJ	1		
10	搅拌站	JMD 25	1		
11	强制式搅拌机	JMD 500L		1 台 500L 或 2 台 350L	
12	强制式搅拌机	JMD 350L			
13	多功能机动液压供料车	JMD 500L		2	
14	多功能机动液压供料车	JMD 800L	2		
15	多功能装载车	JMD 1000L	2		
16	叉车	1.5T		1	
17	条板切割机	JMD 200			1

续表

序号	设备名称	型号	生产规模及设备配套数量（m²/a）		
			规模线 30 万	标准线 15 万	小型线 3～6 万
18	条板切割机	JMD 200Ⅱ	4	2	
19	起板吊装机	JMD 2000		1	
20	机动液压起板机	JMD 2000Ⅱ	2		
21	移动打包平台车	JMD 500	6	3	
22	破碎机	JMD 3T		1	1
23	破碎机	JMDⅡ	1		
24	振动筛分机	JMD 15（10）		1	1
25	振动筛分机	JMDⅡ	1		
26	打包机		3	2	
27	液压平板车	JMD0.5（T）			2
28	检测设备		1		
29	电动安装工具（国产）		1		
30	电动安装工具（进口）				

注：本表中规模线和标准线实现机械化供料、条板包装、机械码垛，小型线为人工供料。

4.3 工业灰渣混凝土空心墙板生产技术

工业灰渣混凝土空心墙板质量的优劣直接关系到人民生命财产的安全，同时也影响企业的信誉。因此对于混凝土空心墙板生产企业来说保证产品质量是一个十分重要的问题。为确保墙板产品质量，必须严格控制以下几个生产环节：

（1）严格控制原材料质量

生产混凝土空心墙板所使用的原材料——水泥、陶粒、炉渣、浮石、火山灰、粉煤灰等大都采用自然级配。因此在生产使用之前，对每一批都应进行物理力学性能的测试，确保原材料质量。因而，对原材料需做好以下工作：

1）不同产地的原材料分别堆放，并对原材料产地、购进数量、堆放地点做好详细记录。

2）做好原材料的质量检验

①水泥购进时应向水泥生产企业索取水泥检验报告，购置的水泥存放三个月以内，可按水泥生产企业提供的水泥检验报告单所注明的水泥强度等级使用，存放三个月以上的水泥应重新取样测试水泥的物理力学性能，按测试结果使用。

②轻骨料应按原材料的各项技术指进行测试。

对原材料的物理力学性能测试结果应详实记录，并加以妥善保管，以备查询。

3）原材料应妥善保管

水泥不论是袋装或散装，都必须保存在干燥的仓库内，并记录水泥出厂和存入仓库的日期，对放置三个月以上的水泥必须重新抽取样品，经检验后方可使用或降低等级使用。散装水泥在出厂一个月后应全部使用完。

轻骨料应堆放在料棚或地势较高易于渗水的地面上。露天堆放的轻骨料在大雨或连绵雨天后不宜马上使用，应待其中的水分渗漏一定时间并测定其含水率（以便调整混凝土用水量）后再使用。

（2）严格控制混凝土配合比

混凝土配合比是决定混凝土空心墙板强度的重要因素之一。在生产混凝土空心墙板之前，必须根据水泥、轻骨料等原材料的物理力学性能，按要求进行合理的混凝土配合比设计，并通过试配、调整选择适宜的配合比后方能进行混凝土空心墙板的生产。在生产过程中发生变化时，对混凝土的配合比应作适当调整，并对墙板进行型式检验。

在设计混凝土配合比时，应在保证混凝土空心墙板质量的条件下，尽量节约水泥，降低生产成本。

（3）严格控制生产中的每道工序

1）原材料的购进

水泥应定点使用产品质量稳定的生产企业生产的水泥；轻骨料最好是选择定点炉渣、陶粒、浮石矿，并严格实行进厂检验，粗、细骨料应严格分别堆放。

2）严格控制原材料的配比准确

为确保配比的准确，应对轻骨料的含水率经常进行检测；应经常对配料计量设备进行校核，并及时调整，特别是保证水泥用量和水的配比。

3）混凝土拌合物的搅拌

混凝土拌合物的搅拌均匀与否直接影响产品质量的均匀一致，特别是强度。因此选择较好的搅拌设备是重要要素，进料情况与搅拌时间也影响混凝土的均匀性。一般情况是先加骨料，后加水泥，骨料与水泥于搅拌 1min 后，徐徐加水搅拌，搅拌时间不得少于 3min（一般为 6～9min）。应经常测定混凝土拌合物和易性或观察挤出的混凝土空心墙板的性状（表面是否有孔洞、蜂窝眼等）判断混凝土的和易性，保证产品质量。

4）成型机的控制

挤压成型设备的料斗上要有一定的余料以保证料压，并使各导料管内拌合料分配均匀，千万不能使导料管空料，这样才能保证挤出的墙板密实均匀，产品质量得到保证。立模成型机在装料过程中一定要使拌合料均匀分配至各立模腔内，要充分振动并保证必要的加热养护时间，振动和加热养护时间应根据生产实际情况和经验而定。

5）混凝土空心墙板的养护

混凝土空心墙板的养护分为早期养护和后期养护。早期养护为拌合混凝土从挤出机挤出后至切割、堆码前这段时间的养护，当混凝土凝结硬化（成型 4h 左右）后就可撤水养护，一般每隔

2～3h 洒水一次（冬季 4～6h 洒水一次）。在早期养护期间应保持混凝土空心墙板表面潮湿。后期养护为墙板脱模码堆后至 28d 的养护，在此期间一般为 7d 洒水一次。每次洒水应湿透。

对于露天生产，如果混凝土硬化前下雨，必须对墙板进行覆盖，以防雨水直接冲刷，使墙板质量降低；冬季生产时加以覆盖，以防霜冻。

6）定尺切割、起板、打包

当混凝土空心墙板达到一定强度后就可按用户要求的墙板尺寸进行切割、起板，切板前对墙板定尺画线，按线切割，应掌握好切割速度，不得让墙板掉角、掉边。切割后要在每块墙板上标注生产日期、规格、尺寸，并做好记录。然后可以起板，起板时首先将板一端轻轻抬起移动脱模，另一端也移动脱模，然后在一侧均匀将板倒立；最后将同一生产日期、同一规格尺寸（厚度差±2mm 以内）的板侧立吊至运板车打包。

7）码堆

打好包的墙板用液压叉车或运板车运至堆场码堆，然后进行后期养护。码堆按不同生产日期、不同规格尺寸的产品分别堆码并记录，以使出厂时不致混淆。

8）成品出厂

一批产品出厂之前必须经过抽样检验，检验项目为按标准规定出厂检验的各项，出厂的产品应有产品检验合格证，不合格的产品不得出厂。

4.4 工业灰渣混凝土空心墙板生产过程中易出现的质量问题及解决措施

混凝土空心墙板生产中会产生这样或那样的质量问题，常见的质量问题有如下几类，下面简单分析一下出现这些问题的原因及解决的措施。

（1）混凝土空心墙板表面麻面、粗糙，甚至出现孔洞、场

孔，强度低

发生这类质量事故的原因是：

1）混凝土原材料配合比不当或骨胶比过大；

2）粗骨料颗粒过大，粗细骨料颗粒级配不当或砂率小，和易性差；

3）搅拌时间不足，挤出成型机料斗缺料，振动力小，立模成型振动时间不够；

4）生产过程控制不当等。

对此应及时采取下列措施进行处理：

1）调整混凝土配合比。

2）严格控制粗骨料粒径，调整粗细骨料颗粒级配，增加细骨料用量或在保证混凝土拌合物和易性的条件下，降低水灰比。

3）延长混凝土拌合物的搅拌时间，保证料斗有一定料面，调整振动振幅或立模振动时间。

4）按要求严格控制生产过程每一个环节。

(2) 混凝土空心墙板强度均匀性差，强度高低悬殊或强度不稳定

发生这类质量事故的主要原因是：

1）混凝土拌合物配比不准确；

2）混凝土搅拌不均匀或水泥和水量忽多忽少 S

3）挤压成型法挤出螺旋局部磨损等。

对此应作如下处理：

1）检查配料计量设备是否准确，工作是否稳定；

2）检查挤出机挤出螺旋磨损情况，定期更换或修复螺旋；

3）增长混凝土拌合物搅拌时间。

(3) 混凝土空心墙板厚度超差

发生这类质量事故的主要原因是：

1）挤压成型工艺的挤压机成型腔磨损或地面不平整；

2）立模成型未按规定厚度尺寸装模板或模板装配不当。

对此应作如下处理：

1）对挤压机定期检查维修，修补不平整场地；

2）加强立模装模人员的管理。

（4）混凝土空心墙板生产质量保证体系（图 4.4-1）

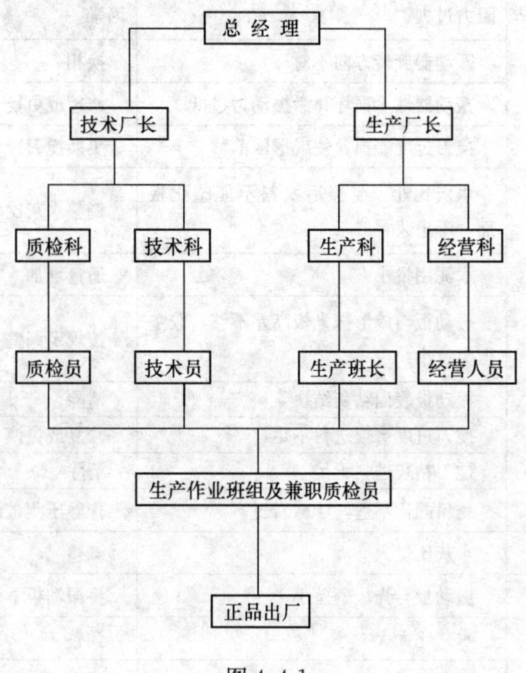

图 4.4-1

（5）混凝土空心墙板常见故障的分析和排除

混凝土空心墙板常见故障的分析和排除可总结成表 4.4-1。

混凝土空心墙板常见故障的分析和排除　　表 4.4-1

故障现象	常见故障	排除方法
板厚超标	成形腔高度调整不当	按规定调整
	胶垫压得过紧或过松，使振动器振幅过大或过小	同上
	振动板卡住	调整清理振动板四边间隙，使其处于自由状态

续表

故障现象	常见故障	排除方法
板厚超标	场地不平，场面上有杂物，造成机器阻力过大	排除增大阻力的各种因素
	振动器旋转方向不对	换相
	振动器轴承损坏，激振动力过低	修理或更换
	搅刀过度磨损，使成形区前移	更换搅刀
板面疏松有麻面	水灰比小，受振后物料不能塑化板面，不出浆	调整水灰比率
	水泥用量小	适量增加
	振动板与成形抹光板高差不够，胶垫压力过小	按规定调整
	振动板表面粘灰结块	清除
	搅刀过度磨损送料不足	修复或更换
	搅刀粘灰送料不足	清除
	物料配比不适，珍珠岩过多	作静压测试调整配方
板面凹陷	水灰比过大	调整
板面横向裂缝	振动板与光板落差小	将振动板下调 2mm
	水灰比太大	调整
	搅刀过度磨损	更换
板面侧疏松及棱角不整齐	两侧搅刀及棱角不整齐，两侧搅刀磨损，送料不足	互换
	两侧搅刀距墙板差距过大	调整
	水灰比过小	调整
板两侧疏松及棱角	料斗两侧有堵塞现象，造成下料不均	清除
	振动板左右高低不一致	校平
	出口尺寸过窄，影响出料	
	成型板与成型抹光板高差调整不当	重新调整
	成型抹光板与墙板未清理干净，相邻角缝有粘灰结块	清除杂物
	有结块物料卡住	
	原料中混入了粒径大于 15mm 的物料	

续表

故障现象	常见故障	排除方法
制板速度慢	搅刀严重磨损	修复或更换
	水灰比过大，搅刀粘灰严重	调整或清理
	板厚超标	清除阻力
	骨料配比不佳，粗料过细	调整配方
	皮带张紧度不够，造成打滑，物料大颗粒卡住搅刀，将速降低	调整皮带或清理搅刀物料重开机

4.5 工业灰渣混凝土空心墙板生产工艺过程控制及检测

为了保证生产出合格的混凝土空心墙板，对生产过程应进行严格的控制，其控制点及项目的设定主要由生产工艺确定。下面是国内较普遍采用的生产工艺过程的控制点及控制项目和检测方法。

4.5.1 混凝土空心墙板生产工艺过程控制

生产墙板一般的生产工艺应设如图 4.5-1 所示的几个控制点和控制项目。

4.5.2 混凝土空心墙板生产控制项目检测方法

（1）颗粒级配

1）仪器设备

烘箱——鼓风电热干燥箱，能使温度控制在 105～110℃；

台秤——称量粗骨料用，称量为 10kg，感量为 5g；

托盘天平——称量细骨料用，称量为 1kg，感量为 1g；

标准筛——测定粗骨料级配用的标准筛规格为：筛子圆孔直径为 30mm、25mm、20mm、15mm、10mm 和 5mm 的共六个，附有底盘；测定细骨料级配用的标准筛规格为：筛孔净尺寸为

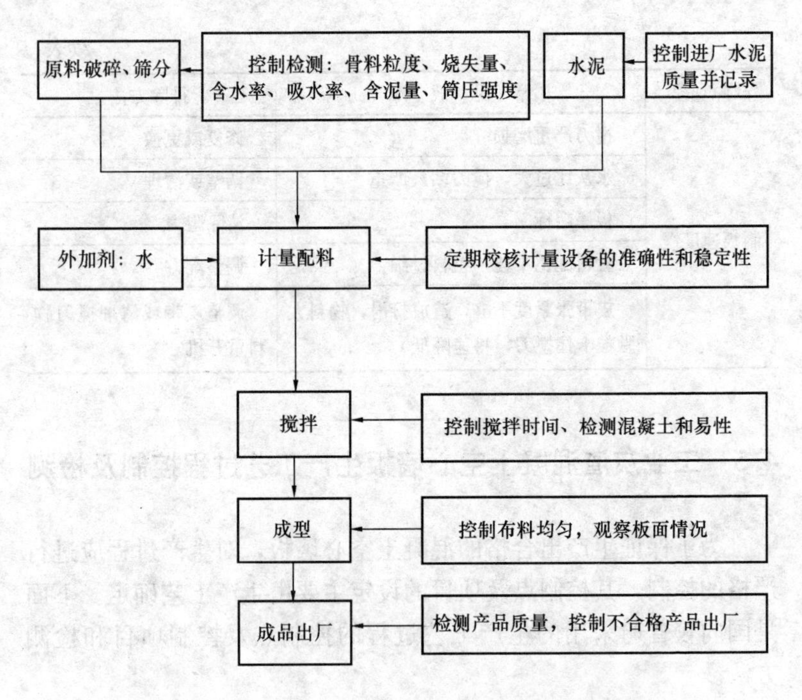

图 4.5-1　混凝土空心墙板生产控制点及控制项目

5mm、2.5mm、1.2mm、0.6mm、0.3mm 和 0.15mm 的共六个，附有底盘。

2）检验步骤

将试样置于烘箱中，温度控制在 105～110℃之间鼓风干燥至恒重，冷却至室温。

称取烘干试样：粗骨料 5kg（当粒径≤30mm 时）或 2kg（当粒径≤20mm 时）；细骨料 300g。

标准筛按孔径大小顺序叠置，孔径最小者置于最下层，附上底盘，上加筛盖，顺序过筛。

筛分开始时，先检验粗骨料，不允许有大于两倍最大粒径的颗粒；轻砂大于 5mm 以上的颗粒其累计筛余量不得大于 10%。

细骨料的筛分可用振动筛过筛。振动 15min，如用手筛时则筛至每分钟通过量小于筛余量的 1.0%时为止。称取每号蹄的筛余量。

3）试验结果计算

粗骨料最大粒径——以累计重量筛余小于10%的该号筛孔尺寸定为粗骨料的最大粒径。

计算各筛之分计筛余百分率——即各号筛上的筛余物重量占试样重量的百分率。

计算筛余百分率——即每号筛上的分计算筛余百分率与比该号筛大的分计筛余百分率之和。

粗骨料的颗粒级配可用重量百分率或体积百分率表示；当用体积百分率表示时，可用不同粒径的颗粒密度换算而得。

细骨料的细度模数接式（4.5-1）计算

$$M_x = \frac{(A_2 + A_3 + A_4 + A_5 + A_6) - 5A_1}{100 - A_1} \tag{4.5-1}$$

式中 M_x——细度模数，混凝土用砂按细度模数可分为粗砂，细度模数为3.7～3.1；中砂，细度模数为3.0～2.3；细砂，细度模数为2.2～1.6；特细砂，细度模数为1.5以下；精确至0.01；

$A_1, A_2, A_3, A_4, A_5, A_6$——分别为5mm、2.5mm、1.2mm、0.6mm、0.3mm和0.15mm孔径筛上的累计筛余百分率。

绘制筛分曲线，以各号筛的累计筛余百分率为纵坐标，筛孔尺寸为横坐标。

实验重复两次，取其算术平均值作为测定值。

（2）骨科体积密度

1）仪器设备

台秤——最大称量50kg，感量509（粗骨料用）；

托盘天平——最大称量2kg，感量1g（细骨料用）；

容量筒——金属制，有足够刚度的圆柱形容器，内部尺寸准确。测定粗骨料的为10L（最大粒径＜30mm）或（最大粒径

<20mm)；测定细骨料为1L；

烘箱——要求同前；

取样勺或小铁铲。

2）试验步骤

将试样置于105～110℃烘箱中鼓风干燥至恒重，冷却至室温。

用取样勺或小铁铲将试样从离容器口上方5mm处均匀倒入，让试样自由落下，不得碰撞容器，使容器口试样成锥体。用直尺沿容器边缘从中心向两边刮平，表面凹陷处用较小的骨料填平后称重。

3）试验结果计算

$$\rho_1=\frac{(g-g_1)}{V}\times 1000 \qquad (4.5\text{-}2)$$

式中 ρ_1——体积密度，kg/m^3；

g——试样和容器共重，kg；

g_1——容器重量，kg；

V——容器体积，L。

实验重复三次，取其算术平均值作为测定值。如其中两次实验之差大于平均值的5%时，需重新做试验。

（3）筒压强度

1）仪器设备

承压筒——由圆柱形筒体（带筒底）和冲压模组成（如图4.5-2所示），筒体可用无缝钢管制作，有足够刚度，内表面经过淬火，冲压模外表面标有刻度线，以控制装料高度和压入深度，筒底可拆卸。筒体内部尺寸为ϕ113mm×105mm；冲压模外部尺寸ϕ112～60mm。

压力机——100～300kN；

托盘天平——最大称量5kg，感量2g；

烘箱——要求同前。

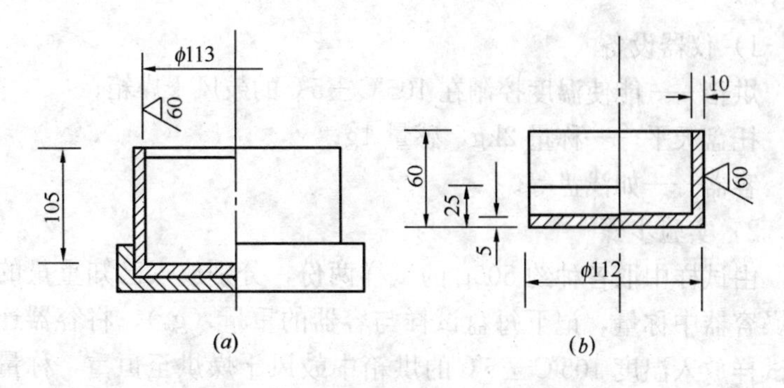

图 4.5-2　测定颗粒强度的测压筒

(a) 筒体；(b) 冲压模

2) 实验步骤

筛取 5～10mm 粒级的试样（视成型设备控制最大粒径，可取 5～20mm）并烘干至恒重后备用。

用取样勺将烘干试样均匀装入圆筒内，然后反复摇振直至试样不再下沉为止。将冲压模套上，检查圆筒的边缘是否与冲压模 5mm 刻度线重合，如不重合，再适当增减试样，并尽量用试样把表面凹陷处填平。将试样连圆筒一起称重（不带冲压模），称量精确至 2g，两次试样重量不得相差 2%。

套上冲压模，把承压筒放在压力机上加压，加压速度应缓慢匀速（约为 0.05～0.10kN/s），直至冲压模压入深度为 20mm 时为止，记下加压值。

3) 实验结果计算

筒压强度按式 (4.5-3) 计算：

$$R_t = P/F \qquad (4.5\text{-}3)$$

式中 R_t——筒压强度，MPa；

P——压入深度为 20mm 时的压力值，N；

F——圆筒截面积（此处为 $10000mm^2$）。

实验重复三次，取其算术平均值作为测定值；三次结果中最小值和最大值之差大于较大值的 20%时需重做实验。

(4) 含水率

1）仪器设备

烘箱——能使温度控制在105℃±5℃的鼓风干燥箱；

托盘天平——称量2kg，感量1g；

容器——如浅盘等。

2）实验步骤

由试样中取各种约500g的试样两份，分别放入已知重量的干燥容器中称量，记下每盘试样与容器的重量（g_2）。将容器连同试样放入温度105℃±5℃的烘箱中鼓风干燥烘至恒重，称量烘干后的试样与容器的重量（g_3）。

3）实验结果计算

骨料的含水率W_h按式（4.5-4）计算（精确至0.1%）。

$$W_h=\frac{g_2-g_3}{g_3-g_1}\times 100\% \tag{4.5-4}$$

式中　g_1——容器重量，g；

g_2、g_3——如上述。

（5）吸水率

1）仪器设备

托盘大平——最大称量1kg，感量1g；

烘箱——要求同前；

容器及毛巾等。

2）实验步骤

将试样烘干至恒重。称取烘干试样300g（g_1）放入盛水的容器中，如有漂浮于水上的颗粒，必须用压板将其压入水中。

泡水1h，把骨料放在筛网上，滤水回1～2min。然后把骨料倒在拧干的毛巾上，用手抓住毛巾两端，使其成一槽形，使骨料在里面往返倾滚四次，然后倒出骨料，拧干毛巾，再重复一次。称量泡水1h（也可根据不同骨料要求确定泡水时间）骨料的重量（g_2）。

实验重复三次，取其算术平均值作为测定值。

3）实验结果计算

吸水率按式（4.5-5）计算：

$$W_0 = \frac{g_2 - g_1}{g_1} \times 100\% \tag{4.5-5}$$

式中 W_0——吸水率，精确至0.1%；

g_2——泡水后试样的重量，g；

g_1——试样烘干后重量，g。

（6）含泥量

1）仪器设备

托盘天干、烘箱——同吸水率设备要求；

筛——孔径为0.080mm方孔筛及1.25mm圆孔筛各一个：

洗砂用的筒及烘干用的浅盘等。

2）试样制备

将试样在自然状态下用四分法缩分至约1100g，置于温度为105℃±5℃的鼓风干燥箱中烘干至恒重，取出冷却至室温后，立即称取各重500g的试样两份备用。

3）试验步骤

取烘干的试样一份置于容器中，注入饮用水，使水面高出试样20cm。充分拌混均匀后，浸泡两小时，然后用手在水中淘洗试样，使尘屑、淤泥和粘土与骨料分离，并使之悬浮或溶于水中。缓缓地将浑浊液倒入1.25mm及0.080mm的套筛（1.25mm筛放置上面）上，滤去小于0.080mm的颗粒。试验前筛子的两面应先用水湿润。在整个试验过程中应避免骨料（砂粒）丢失。

再次加水于筒中，重复上述过程，直至筒内洗出的水清澈为止。

用水冲洗剩留在筛上的颗粒，并将0.080mm筛放在水中（使水面略高出筛中砂粒的上表面）来回摇动，以充分洗除小于0.080mm的颗粒。然后将两只筛上剩留的颗粒和筒中已经洗净的试样一并装入浅盘，置于温度为105℃±5℃的鼓风干燥箱中烘至恒重，取出冷却至室温后称量试样的重量（g）。

4）试验结果计算

含泥量 Q_n 按式（4.5-6）计算（精确至 0.1%）

$$Q_n = \frac{g_0 - g_1}{g_0} \times 100\% \qquad (4.5\text{-}6)$$

式中 g_0——试验前的烘干试样重量，g；

g_1——试验后的烘干试样重量，g。

以两次试样结果的算术平均值作为测定值。两次结果的差值超过 0.5%时应重新取样试验。

（7）烧失量

1）仪器设备

天平——万分之一；

烘箱——要求同前；

高温炉——1100℃；

磁坩埚、干燥器等。

2）试验步骤

称取在 105～110℃烘干箱中烘干（烘约 2h）的试样（精确至 0.0001g），置于已灼烧至恒重的磁坩埚中，将盖斜置于坩埚上，放入高温炉内，由低温升起，在 950℃的高温下灼烧半小时，取出坩埚，置于干燥器中冷却至室温，称重。如此反复灼烧至恒重。

3）试验结果计算

烧失量按式（4.5-7）计算。

$$L = \frac{G - G_1}{G} \times 100\% \qquad (4.5\text{-}7)$$

式中 L——烧失量，精确至 0.1%；

G——灼烧前试样重量，g；

G_1——灼烧后试样重量，g。

4.5.3 产品质量的检验规则

出厂产品的质量检验按混凝土空心墙板的力学性能指标的有

关标准进行检验。这里讨论检验规则。

(1) 检验分类

1) 出厂检验

产品出厂必须进行出厂检验。出厂检验项目为《工业灰渣混凝土空心隔墙条板》JG 3063 中外观质量、尺寸偏差全部规定项目以及抗冲击性能、抗弯破坏荷载两项力学性能项目。产品经出厂检验合格后方可出厂。

2) 型式检验

有下列情况之一时，应进行型式检验：

①试制的新产品进行投产鉴定时；

②产品的材料、配方、工艺有重大改变，可能影响产品性能时；

③连续生产的产品，每两年或生产 $70000m^2$ 时；

④产品停产半年以上再投入生产时；

⑤出厂检验结果与上次型式检验结果有较大差异时；

⑥用户有特殊要求时；

⑦国家质量监督检验机构提出型式检验要求时。

产品型式检验项目为《工业灰渣混凝土空心隔墙条板》JG 3063 中 5.2、5.3、5.4 中全部规定项目。

(2) 出厂检验及型式检验抽样方法

1) 出厂检验抽样

产品出厂检验外观质量和尺寸偏差项目样本按表 4.5-1 进行抽样。

外观质量和尺寸偏差项目检验抽样方案　　表 4.5-1

批量范围	样本	样本大小		合格判定数		不合格判定数	
		n_1	n_2	A_1	A_2	R_1	R_2
151～280	1	8		0		2	
	2		8		1		2
281～500	1	13		0		3	
	2		13		3		4

续表

批量范围	样本	样本大小		合格判定数		不合格判定数	
		n_1	n_2	A_1	A_2	R_1	R_2
501～1200	1	20		1		3	
	2		20		4		5
1201～3200	1	32		2		5	
	2		32		6		7
3201～10000	1	50		3		6	
	2		50		9		10
10001～35000	1	80		5		9	
	2		80		12		13

出厂检验抗冲击性能、抗弯破坏荷载项目样本从上述外观质量和尺寸偏差项目检验合格的产品中随机抽取，抽样方案按表4.5-2相应项目进行。

2）型式检验抽样

产品进行型式检验时，外观质量和尺寸偏差项目样本按表4.5-1进行抽样，物理力学性能项目样本从外观质量和尺寸偏差项目检验合格的产品中随机抽取，抽样方案见表4.5-2。

（3）判定规则

1）外观质量与尺寸偏差项目检验判定规则

根据样本单位检验结果，若受检板外观质量、尺寸偏差项目均符合《工业灰渣混凝土空心隔墙条板》JG 3063标准5.2、5.3中相应规定时，则判该板是合格板；若受检板外观质量、尺寸偏差项目中有一项或一项以上不符合本标准5.2、5.3中相应规定时，则判该板是不合格板。

物理力学性能项目检验抽样方案　　表4.5-2

序号	项目	第一样本	第二样本
1	抗冲击性能（织）	1	2
2	抗弯破坏荷载（块）	1	2

续表

序号	项目	第一样本	第二样本
3	抗压强度（组）	1	2
4	面密度（组）	1	2
5	相对含水率（组）	1	2
6	干燥收缩值（组）	1	2
7	吊挂力（块）	1	2
8	空气声计权隔声量（件）	1	2
9	耐火极限（件）	1	2
10	放射性比活度限值（组）	1	2

根据样本检验结果，若在第一样本（n_1）中发现不合格板数（u_1）小于或等于第一合格判定数（A_1），则判该批外观质量与尺寸偏差项目合格。

若在第一样本（n_1）中发现的不合格板数（u_1）大于或等于第一个不合格判定数（R_1）则判定该批外观质量与尺寸偏差项目不合格。

若在第一样本（n_1）中发现的不合格板数（u_1）大于第一合格判定数（A_1），同时又小于第一不合格判定数（R_1），则抽第二样本（n_2）进行检验。

根据第一样本和第二样本的检验结果，若在第一样本和第二样本中发现的不合格板数总和（u_1+u_2）小于或等于第二合格判定数（A_2），则判该批外观质量与尺寸偏差项目合格。

若在第一样本和第二样本中发现的不合格板数总和（u_1+u_2）大于或等于第二不合格判定数（R_2），则判该批外观质量与尺寸偏差项目不合格。

判定结果见表 4.5-3。

2）物理力学性能检验判定规则

出厂检验力学性能检验项目判定规则

①根据试验结果，若抗冲击性能、抗弯破坏荷载两个项目均

符合《工业灰渣混凝土空心隔墙条板》JG 3063 标准 5.4 中相应规定时，则判该批产品为合格批；若此二项检验均不符合《工业灰渣混凝土空心隔墙条板》JG 3063 标准 5.4 中相应规定，则判该批产品为批不合格。

判　定　结　果　　　　表 4.5-3

$u_1 \leqslant A_1$	合　格
$u_1 \geqslant R_1$	不合格
$A_1 < u_1 < R_1$	抽第二样本进行检验
$u_1 + u_2 \leqslant A_2$	合格
$u_1 + u_2 \geqslant R_2$	不合格

②若在此两个项目检验中发现有一个项目不合格，则按表 4.5-2 对该不合格项目抽第二样本进行检验。第二样本检验，若无任一结果不合格，则判该批产品为合格批；若仍有一个结果不合格，则判该批产品为不合格批。

型式检验物理力学性能项目规定规则

①根据样本检验结果，若在第一样本全部项目中发现的不合格项目数为 0，则判该型式检验合格；若在第一样本全部项目中发现的不合格项目数大于或等于 2，则判该型式检验不合格。

②若在第一样本全部项目中发现的不合格项目数为 1，则抽第二样本对该不合格项目进行检验。第二样本检验，若无任一结果不合格，则判该型式检验合格；若仍有一个结果不合格，则判该型式检验不合格。

复验规则

用户有权按《工业灰渣混凝土空心隔墙条板》JG3063 标准对产品进行复验。复验项目、地点按双方合同规定。复验应在购货合同生效后或购方收到货后 20 日内进行。

仲裁检验

①当产需双方复验结果发生争议时，应委托国家质量监督检验机构按《工业灰渣混凝土空心隔墙条板》JG 3063 标准进行仲

裁检验。该仲裁检验为终裁结果。

②若仲裁检验合格，则用于仲裁检验的样品及试验费用由用户承担。若仲裁检验不合格，则用于仲裁检验的样品及试验费用由生产厂承担。

4.6 工业灰渣混凝土空心墙板标志、运输和贮存

（1）标志

出厂产品应有质量合格证书和警示语标志。合格证书应具有下列内容：

1）产品名称、产品标准编号、生产许可证号、商标；

2）生产厂名称、详细地址、产品产地；

3）生产规格、型号、主要技术参数；

4）生产日期、生产批号、出厂日期或编号；

5）产品检验报告单，其中应有检验人员代号、检验部门印章；

6）产品说明书和出厂合格证。

警示语标志应按《工业灰渣混凝土空心隔墙条板》JG3063标准8.2和8.3要求编写，并应包括“侧立搬运、禁止平抬、避免雨淋”等内容。

每块条板均应有警示语标志。

（2）运输

运输方式：产品应侧立搬运，禁止平抬。条板短距离可用推车运输；长距离可使用车船等货运方式运输。

运输条件：长距离运输应打捆，每捆不应多于8块，轻吊轻落。运输过程中应侧立贴实，用绳索绞紧，支撑合理，防止撞击，避免破损和变形，必要时应有篷布，防止雨淋。

（3）贮存

贮存场所：条板产品可库存，亦可露天存放。存放场地应坚实平整、搬抬方便。露天存放时，应备有防雨雪措施。

贮存条件：可在常温湿条件下贮存。环境条件应保持干燥通风，并应采取措施，防止浸蚀介质和雨水浸害。

贮存方式：产品应按型号、规格分类贮存。贮存应采用侧立方式，下部用方木成砖垫高，板面与铅垂面夹角不应大于15°；堆长不超过4m；堆层两层。

贮存期限：产品贮存超过半年，应翻换板面朝向和侧边位置；贮存期超过一年，产品在出厂或使用前应按《工业灰渣混凝土空心隔墙条板》JG 3063标准进行抽检。

4.7 工业灰渣混凝土空心墙板生产操作规程

为保证混凝土空心墙板的产品质量，确保出厂产品合格和企业质量信誉，各岗位应遵循下列生产工艺操作规程：

（1）配料、混料岗位

1）用于生产墙板的原料半成品，生产车间在领用前必须做到：

①核对原材料的产品合格证、型号。规格、产地是否与生产工艺要求之规定相符，如果有差异，应会同有关部门及人员查明情况后方可领用。

②检验各种原材料的各项技术指标是否符合生产工艺要求，凡不符合生产工艺要求的原材料均不得用于墙板生产。

③按实验室下达的生产配合比通知单严格计量配比，不得有任何随意性，并有严格的计量控制手段。

④混料车间各种原材料应分类堆码整齐，不得随意乱堆乱放，并保持车间清洁卫生。

2）搅拌机在启动前应认真检查各电源、线路、开关、插座是否符合要求，机械各部位机件螺栓有无松动，如有异常情况或故障隐患应及时排除后方可开机运转。一般个机运转2～3min后才能投料搅拌。

3）搅拌投料程序为：先投炉渣然后投入粉煤灰，让炉渣表面均匀包一层粉煤灰后再投水泥以及加水和投其他辅助材料。搅拌6～9min完全均匀后再放料。放出来的混合料存放时间不宜过长（一般不超过20min），应尽量保证随拌随用，每班收班不得余料。

（2）地模清理、修补，刷脱模剂，张拉钢丝

1）在每批墙板起模运出后，应及时清理地模。

2）对地模有损坏部位应及时修整。

3）地模应刷好脱模剂，脱模剂要刷匀不得漏刷。

4）刷好脱模剂后需张拉钢丝。钢丝张拉力为钢丝直至延伸率达1%为准，然后用钢丝卡固定钢丝。

（3）拌合料输送

经搅拌的拌合料用运料车运送至成型机处，运送过程中应注意：

1）装入运料车（或人力斗车）内的拌合料一般为自然堆积，不得压实或拍实。装车不得太满，一般装至低于车斗口5cm为宜，以防运输过程中沿路洒料。

2）随时清扫搅拌机处及道上的落地料，保持生产场地清洁卫生，文明生产。

3）运输车应注意不得压坏或碰坏已成型的墙板。

（4）成型机操作

1）成型机启动前应检查电源、线路、开关、插座各部位是否正常，检查振动器、螺杆等部位的螺栓是否牢固，有无松动，如发现异常现象则应在机械启动前作好处理。

2）成型机启动方法：先启动振动器，后启动螺旋送料器，并让其空转2～3min后方可向成型机内投料成型。

3）投料：在将拌合料投入成型机过程中，投料速度应与机械成型速度协调，一般保证机械料斗储料量在一定高度；对于料斗无振动的设备，过高的拌合料可能会造成起拱不下料；故料斗内拌合料过低会造成断料，影响墙板质量。

4）成型过程应认真操作，注意墙板质量，发现问题应及时

停机检查，待排除故障后方可继续开机生产，严禁机械带病工作。

5）成型过程中不得将电源电缆线着地，以防损坏电缆漏电或电缆线拖坏已成型的墙板。作业过程中操作人员不得踩坏碰坏已成型的墙板，如有损坏应及时修补。

6）成型机换道时，首先应停机并切断电源，然后进行机械换道。

7）成型机在完成当班工作后，应按有关要求即时对机械进行清理打油，做好日常保养。

8）及时打扫现场卫生，保持生产场地清洁卫生。

（5）初养护、修整、切割、起板

1）墙板成型后 2h 开始洒水初养护，一般每隔 2～3h 洒水一次（冬季 4～6h 洒水一次），同时认真检查修整墙板。

2）墙板成型 24h（冬季 48h）后按所需尺寸，分线时应将有缺陷的部位的板去掉，并用曲尺切割线以保证切割后的板头方正。同时于每块板的板面标好生产日期。规格、尺寸，并作好生产记录。

3）切割板时，采用专用墙板切割机按已划分好的切割线切板，切板动作要轻柔，不得切坏，碰坏墙板，同时应注意切割机切入深度，既要保证墙板切断又要保证不切环地模。

4）切割后的余料要及时清理，粉碎过筛以便二次利用，钢丝头及时整理收集，同时清理现场，保证现场清洁卫生。

5）起板时 2m 以内的板 2 人，3m 以内的板 3 人，3m 以上的板 4 人，扶板时用力要均匀，扶起的板要放稳，板的一头应向过道中心平移 20cm，以便保证板头之间不相碰，同时清除毛边。作业时不得将板碰倒，并且及时用卡尺量出墙板厚度并将厚度尺寸标注在墙板上，然后运出生产现场分类打包堆码养护。

（6）打包、堆码、养护

1）打包时应按同一生产日期、同一规格尺寸（长度、宽度、厚度）的板打成一包，并分类堆码，做好记录。

2）墙板堆码场地要平整标准，堆码场地最好是硬化后的水泥地评。墙板靠架要牢固可靠，并要顺直不得弯曲。墙板地面垫板必须是混凝土特制垫板，垫板一般宽度为 15cm，长度可根据堆放场地而定。

3）墙板严禁平抬平放，必须侧位抬运、打包、码垛，垫板一般垫于墙板两头，距板头 50cm 处，墙板必须按长度、宽度、厚度分批分区堆码整齐。墙板与墙板之间必须靠紧靠牢，斜靠坡度一致，打包、堆码成品时不合格的板不得打包堆放于成品处。

4）已经堆放好的墙板，必须立即洒水并用塑料薄膜覆盖密封养护。一般每隔七天洒水一次，每次洒水应湿透。洒水后立即将塑料薄膜覆盖好。做好记录，养护达 28d 后检验出厂。

第 5 章　工业灰渣混凝土空心板墙体设计与裂缝防治

5.1　隔墙的结构形式

工业灰渣混凝土空心墙板在建筑中主要用于非承重的隔墙。

工业灰渣混凝土空心墙板应用于非承重隔体主要有四种形式：单层工业灰渣混凝土空心墙板隔墙板、双层工业灰渣混凝土空心墙板墙体、双层工业灰渣混凝土空心墙板墙体（双层隔墙中设有保温层）和双层工业灰渣混凝土空心墙板墙体（双层隔墙中设有隔声层）。

可根据对于隔墙性能（如保温、耐火、隔声性能）的要求，从表 5.1-1 和图 5.1-1 中选择适当的隔墙结构形式。

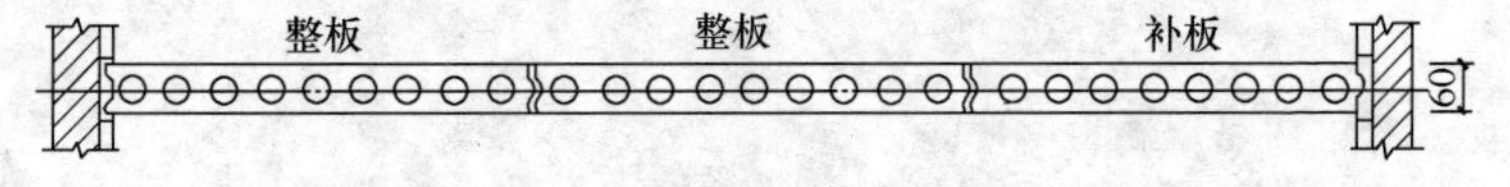

(a)

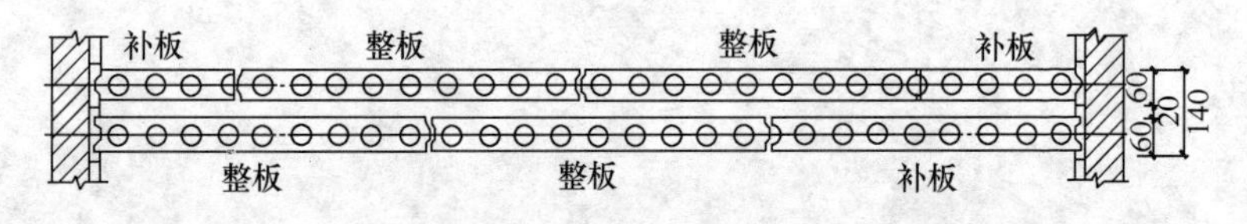

(b)

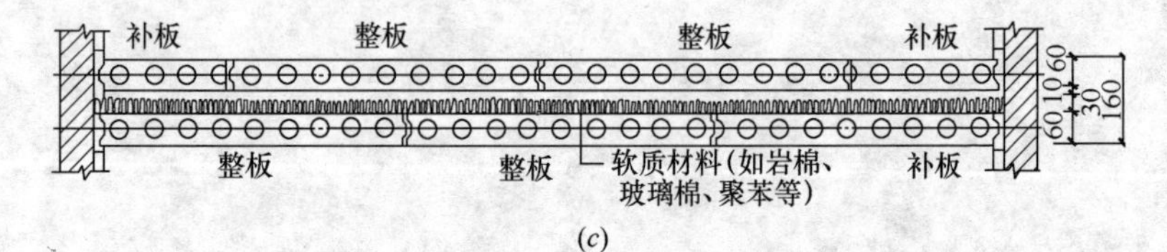

(c)

图 5.1-1　工业灰渣混凝土空心墙板的几种应用形式的结构

工业灰渣混凝土空心墙板性能及其要求　　表 5.1-1

应用形式	构造	隔声指数/dB	耐火极限/h	适用范围
单层板隔墙	图 5.1-1*a*	35	1.3	住宅分室墙
耐火、隔声双层板隔墙	图 5.1-1*b*	45	3.0	公共走道墙
保温、耐火、隔声双层板隔墙	图 5.1-1*c*	45	3.2	住宅分户墙

5.2 墙体设计注意事项

(1) 防水

1) 用于卫生间等潮湿环境的隔墙板，应用耐水性好的工业灰渣混凝土空心墙板。

2) 某些局部较潮湿的部位，应采取防水措施，如涂刷防水涂料。

(2) 隔声

1) 隔声要求较高的隔墙，应采用双层条板。

2) 隔声墙内敷设暗线时，要沿墙的一边敷设。

3) 隔声墙上应尽量避免设置开关、插座、穿墙管和散热器等；若必须设置时，开关、插座的位置要错开，而且该部位应做密封处理。

(3) 防火

1) 建筑耐火等级要求较高时，隔墙应采用双层条板。

2) 若隔墙设置开关、插座、水平支管等装置时，应采用难燃材料进行局部密封。

(4) 补板

1) 当隔墙的宽度不是空心条板的倍数时，应把不够一块整板的宽度的条板（称之为补板）设置在隔墙的一端。

2) 隔墙应尽量减少补板的数量。

3) 补板可以用整块条板通过锯切（纵切）而得。

（5）门框板、窗框板

1）门框板、窗框板上的预埋件的位置应准确无误，门、窗与条板之间用连接件焊接牢固。

2）当门宽大于等于 1500mm 时，应在门框两侧增加钢抱框，门上条板应横向拼装，板两端下角处应设角托与钢抱框焊接（位于门框上皮处）。

5.3 工业灰渣混凝土空心墙板墙体裂缝现象

“秦砖汉瓦”已有几千年的历史，新型墙体材料是近几十年才发展起来的，而轻质墙板经过二十多年的发展，已有包括增强水泥条板、增强石膏空心条板、轻质混凝土条板、工业灰渣混凝土轻质条板、轻质复合条板、硅镁加气混凝土空心条板及其他种类的十多种产品。工业灰渣混凝土空心墙板以其节土、节能、利废、施工快、增加使用面积等优良性能得到较快发展，但由于产品种类繁多、生产技术及标准参差不齐、施工技术不成熟、无施工及验收规程及市场不规范等原因，还存在隔音、隔热、裂缝等问题，而裂缝问题尤为突出，严重影响着工业灰渣混凝土空心墙板的健康发展。

事实上，所有材料的墙体都有裂缝，只是裂缝的大小不同、方向各异。墙板因宽度大，裂缝多表现为一条竖缝，非常明显，容易使商家和住户产生心理上的不安，再加上一种新型材料特性不被大家所认识，所以造成市场接受墙板的难度加大。

工业灰渣混凝土空心墙板的合格产品不仅仅只是板材产品的合格，而是最终体现在墙板安装后的墙体上，墙体不应有裂缝，而目前工业灰渣混凝土空心板材墙体常出现的裂缝有：

板面裂缝（板材本身）；

墙顶裂缝（水平）；

墙体竖向裂缝（两极结合处）；

板端部与墙柱结合部的裂缝；

门、窗头的竖向或斜向裂缝。

产生裂缝的原因有很多，有生产、设计、施工、环境及市场等诸多因素，但综合起来可归结为干缩、结构变形及敬业责任心。

轻质隔墙板通常出现裂缝的情况有几个方面：

第一是墙板与墙板之间的拼接处有裂缝，这种情况是出现裂缝最多的，有时是单面出现，有时是双面都有。

第二是墙板与天花板、地面接头处出现裂缝，一般与天花板接头出现的裂缝几率大点。

第三是墙板自身出现的裂缝，这种裂缝一般具有不规则性。

第四是墙板与承重墙或混凝土柱接头处出现的裂缝。

5.4 工业灰渣混凝土空心墙板体系裂缝产生原因

5.4.1 板材生产

新型墙板生产的原材料波动较大。计量不准（尤其是水分）、脱模时间过早或过迟。自然养护温度及湿度的较大变化、切割时间与强度的不吻合，都会形成较多的内应力，从而导致板材在使用过程中出现裂纹。

生产时应严格控制原材料；准确计量；采用机械成型工艺提高板材的强度及密度；及时切割，合理堆放，消除板材的内部损伤；根据不同季节的气候条件采取科学的养护制度，确保养护龄期（如工业灰渣混凝土空心墙板一般养护 45d），使板材自收缩大部分完成，板材干燥。

墙板干燥收缩值大，目前生产新型板材墙体产品的企业有近千家，产品的性能指标差异较大，就干燥收缩值这一项来说，一般在 0.03%～0.1%以上。干燥收缩值越大，墙板安装完成后出现的裂缝几率就越大。按一般经验来说，若墙板干燥收缩值控制在 0.06%以下，产品安装后墙体出现裂缝的可能会很小，而在超过1%时，墙体就多半会出现裂缝。

影响墙板干燥收缩的主要原因是其自身的含水率和使用的原材料性质。众多实验表明墙体材料是随着含水率的减少而收缩的，也就是说当因为干燥收缩值大，但是墙板的含水率低，墙体也不会开裂。在一些工程中，厂家或是施工方为了工程的进度，而不考虑这方面的因素，墙板脱模几天就运至工地安装。此时的墙板若没有经过处理，含水率在10%以上，安装后就造成大面积墙缝开裂。

从使用原材料上看，当材料的干燥收缩值小，相应做出来的产品收缩值也会小。特别是骨料，骨料越容易压缩，干缩就越大。某些企业在生产过程中，为了压缩成本过多使用条件差的材料，同时生产中混凝土料不密实，所以在安装上墙后会出现墙体裂缝。

5.4.2 施工

材料是基础，施工是关键，调查发现，不少裂缝是由于施工操作不恰当所引起的：

(1) 板材进场后，不按要求堆放，板材受挤压产生微裂缝，造成板材开裂；不进行防水覆盖，墙板淋湿后上墙，或由于抢工期板材未到龄期就上墙，安装了含水率过高的墙板，板材自收缩太大，墙体必产生裂缝。

(2) 施工工艺不合理，使用材料不合格，这表现在粘结砂浆强度不合理，收缩大、没有使用弹性材料、砂浆填充不饱满等。

(3) 板材安装时，板底固定不牢，板顶未做连接、固定或连接固定不牢，如板底细石混凝土填实未到一定强度就进行下道工序施工，使板材受扰而在连接处形成早期破坏，必然造成顶部和底部产生裂缝。

墙板的安装，多数是上下留砂浆缝。安装时下面用木楔顶住，然后填充砂浆。如果砂浆强度不高，会造成墙体的沉降，墙体就会出现裂缝。如果木楔没有顶紧同样会出现裂缝，这种裂缝一般情况就是产生墙体与天花板之间产生裂缝。

(4) 墙板与柱、墙体无牢固连接，如不采用钢卡或膨胀水泥砂浆的刚性固定，或弹性胶。聚合物砂浆的柔性固定；填缝不密实；阴阳角不作防裂处理，易在连接处产生裂缝。

填缝操作过早，未让墙板适应安装环境，释放残余收缩。接缝砂浆不配套，强度低，流动性差。玻纤网布不耐碱，抗拉强度下降过快。

(5) 施工操作不规范，人为造成板缝过大，或粘结不实造成板缝开裂，这也是最容易产生墙面开裂的主要原因之一。墙板安装时板缝间嵌缝不密实，嵌缝材料无弹性，易造成竖向开裂。

(6) 门窗洞口未采取可靠加固措施，如不采用过梁板、门框板、窗框板，直接采用板材代替，造成门窗交接处产生裂纹。

(7) 水电安装违反设计要求：横向开槽，开斜槽，随意打洞，产生横向、纵向、甚至斜向裂纹。预埋暗线管过早，墙体早期受到扰动

(8) 墙体长度过大（如超过 6m），未采取相应的加固处理措施（如设柱），造成横向收缩过大，易产生竖向开裂。

(9) 厨房卫生间未做好防潮、防水处理，湿度的变化易产生局部开裂。

5.4.3 结构

正常使用荷载上去后，梁板产生设计中允许的“变形”，挤压或拉开墙板正常连接，易产生顶、底裂缝；悬挑梁受力后变形也易产生顶、底部开裂。应充分熟悉图纸，安装时预留合理“空间”，采取弹性连接材料防止裂缝发生和开展。尤其是与框架梁柱的连接处。

(1) 接点的处理。现行的墙体安装接点方式有多种，最好的是采用在天花和地板钻孔打钉，然后填砂浆使墙体与天花板和地板更好的粘结，形成一个整体。这种方法方便，稳定性好。很多厂家使用此方法。但在施工过程中，又各有不同。对产生这样裂

缝的不同墙体进行开凿分析，发现都有几个共同特点：①天花板及地板钉子短，达不到伸进墙板 5mm；②钉子不牢，很多没有打胶塞，虽然有砂浆填充，但是钉子在天花板钉孔里是松动的，起不到稳定结构的作用。

(2) 大部分墙板目前都是使用黏结带来装饰板缝。由于很多这种黏结带是不抗碱性的，时间久了，就失去了强度。随着墙体的徐变，就会产生裂缝。这种裂缝一般都是在墙体装修后出现的多。

(3) 建筑物整体沉降不均匀产生的墙板墙体裂缝。此种裂缝非因墙板引起，这里不作详细讨论。

(4) 墙板收缩应力产生的墙体裂缝。

引起墙体裂缝的首要原因是混凝土的收缩。如墙板的四周由于受到框架的约束，就不能自由伸缩。而当混凝土的收缩所引起板的应力超过一定程度、超过板材抗拉强度时，必然引起墙体的开裂，开裂的部位往往产生在应力相对集中的地方，所以板的裂缝绝大多数产生在接缝处，与地面相垂直。

墙板收缩应力，又可分为湿涨干缩应力和温度应力两大类型：

1) 湿涨干缩应力产生的裂缝

墙板的特点是湿涨干缩，以每一块墙板为主体向其核心涨缩；当墙板被约束在框架结构中，便会产生湿涨干缩应力；当此应力大于墙板自身或接缝的抗拉强度时，就产生了墙体裂缝（此裂缝位于墙体强度最低处）。

由于人的肉眼只能分辨出 0.1mm 以上的目标，而墙板宽为 595mm，要让人不能发现墙体裂缝，理论上墙体允许收缩值应为 1.7‰，即每米允许收缩值为 0.17mm，每块板收缩值不大于 0.1mm。实际上，混凝土轻质墙板并非真正刚体，如采取一定的预防措施，其收缩值只要小于 0.3mm/m，抗压强度不小于 5MPa，即可从墙板本身避免墙体裂缝的产生。

2) 温度应力产生的裂缝

自然界中任何材料都有热胀冷缩性质，材料因温度升降产生热胀冷缩变形，称为温度变形。如果材料因受到约束而不能自由变形时，在材料中产生应力称温度应力。

在框架结构中，混凝土墙柱与墙体交接处，是不同材料结合的地方。由于两种材料的线膨胀系数不同，在温度变化时，尺寸变化不一致，再加上大气环境干湿的变化影响，使结合处产生两者不同的变形差异，会导致沿交接处出现贯通性裂缝。

钢筋混凝土的线膨胀系数 $a=10\sim14\times1E^{-6}$/℃。以温差40℃、最大差值 $4\times1E^{-6}$/℃计，每块墙板变形量差值应在0.1mm。在夏热冬冷地区，冬天的气温达到全年的最低点，天气也最干燥，这正是框架结构非承重墙的冷缩和干缩产生最大值的外部环境，所以大多的墙体裂缝是经过冬天以后才出现的，这些裂缝往往是混凝土收缩及温度变化综合引发的。

5.4.4 环境与市场

我国幅员辽阔，气候差异大，北方寒冷、干燥、风大；南方空气湿润、温暖、多雨季江淮之间四季分明，但有梅雨季节，空气忽干忽湿。工业灰渣混凝土空心墙板长距离运输后若不适合相应条件，配用相应的配套材料，不采取与气候相应的合理安装工艺，极易产生裂缝。如湿度大处生产的板材运到湿度小处施工，板材必须先达到相应的平衡含水率才能安装。对于夏热冬冷地区之间忽干忽湿的气候条件，板材之间不能太紧密，应留相应的弹性连接缝，以免因干湿交替而产生裂缝。

目前，板材市场产品种类繁多，有机制的、也有手工的；有规模大的、也有作坊式的。加上市场竞争激烈，使用单位若过分考虑低价格，易造成生产厂家偷工减料，用不合格产品、劣质配套材料，不按规范施工，极易造成墙体开裂。用户应考察板材生产厂的规模、人员、业绩。信誉，综合考虑用合理的价格采购合格的产品，严格监督管理，精心施工，造就无裂缝的墙体。

综上所述，工业灰渣混凝土空心墙板体系开裂的原因是多方面的，预防和解决裂缝问题是一个系统工程，必须从材料、生产、设计、施工及使用的角度采取综合措施，提高从业人员的职业道德素质和技术水平，按科学的施工工艺进行施工，加强细部节点处的处理，严格监督管理，防止裂缝是能做到的。

5.5 工业灰渣混凝土空心墙板墙体裂缝的解决措施

墙体出现裂缝的原因有很多种，有时出现裂缝是多种原因引起的，不能单一地看某一方面，应该多方面地去分析。究其主要原因，就是上面讨论的几点。

针对上述情况可采取以下措施进行预防：不到龄期的墙板、含水率超标（如淋湿）严禁安装，板材堆放宜倒立、防倾倒，应有防雨淋措施；板重超过 100kg 时，运输和安装应用专用工具；安装前应排板；墙板与柱、墙、板应有牢固连接，墙板接缝处应嵌满密封连接材料，接缝材料应用一定的弹性；门窗洞口处采用相应配套材料，严禁用普通板代替过梁板。门框板、窗框板等；阴阳角处采用拉接、贴面或钢丝网等防裂措施；水电安装严禁随意开槽，竖向从板材洞中穿行、横向从板顶或板底通过；多块板材紧密连接，合理设置变形缝，在变形缝处采用高弹性连接材料，也是一种减少竖向裂纹的有效方法；橱卫应做好防潮、防水及泛水处理；严格检验验收工序，上道工序验收合格后方可进行下道工序施工。

（1）使用生产材料方面：

选择合理的制板原材料和工艺配方，确保墙板的干燥收缩值不大于 0.3mm/m，抗压强度不小于 5MPa，

1）尽量采用低碱水泥。

低碱水泥的干缩值远小于普硅水泥，选用低碱水泥是最有效控制板材干缩值的方法。

2）胶凝材料应采用高标号水泥，最好是用硅酸盐水泥。有些企业为了生产上的进度，使用硫铝酸盐水泥，这样做有个特点

就是产品早期强度提的快，可以很快脱模，但是后期强度不会增长。

3）钢筋的使用有两种，有些是采用较粗的冷拉钢筋，经过焊接成网状使用，另一种是采用细的钢丝网裁剪弯折使用。第一种生产的产品抗弯强度高，对混凝土浇注没有影响，但制作钢筋网需要焊接多一道工序，第二种方法简单，但混凝土浇注时很难下料，经常会造成局部少料的缺陷，其次就是钢筋网用的钢筋很难检测实际强度。

4）轻骨料以及填充料的使用有很多种，常见的有陶粒、浮石、珍珠岩、气泡、聚苯颗粒等，企业从各自的生产工艺以及成本的角度考虑，使用的都不太一样。但有一点必须明确，就是选用性能稳定的材料。如陶粒、珍珠岩、浮石，在这当中陶粒是内部孔封闭的，高温烧结，容重轻、强度高，最适合做轻质板材，大多数企业都使用。其次是气泡的使用，使用气泡固然好，容重小了，成本还降了，但是板材的强度也会下降。所以气泡的使用一定要有一个限度。

5）减少膨胀珍珠岩的用量。膨胀珍珠岩只是一种填充料，目的是为了降低板材的重量。但它会降低板材的强度，提高板材的干缩值，对它的用量要进行控制，在满足板材面密度要求的前提下，尽量少用或不用。

6）高效减水剂的使用，日的是在保证比较高强度的情况下，尽可能降低水灰比，从而减少混凝土自身反应而产生的收缩。

7）严格控制砂的粒径及含泥量。

砂是提高板材强度的物料，应采用中粗砂。如砂粒过细，砂的含泥量超过标准，不仅降低强度，也会使混凝土轻质墙板产生裂缝，这是因为泥的膨胀性大于水泥膨胀性的缘故。

（2）选择合适的制板机械，保证生产出的板材密实性高、整体性能均匀、一致，板面无产生裂缝的薄弱环节。

（3）安装材料的选用：

填缝砂浆一定要强度适当。强度高或低，都与墙板的胀缩比不一致，容易造成裂缝。其次，一定要加弹性粘结材料，保证在墙体因为环境影响的改变而不开裂。

粘结带应选用耐碱的材料，以保证不会因为水泥的碱性而被腐蚀。

(4) 生产工艺方面：

1) 板材在切割前必须按规定时间浇水养护两次，防止墙板因水分不足产生内部硬化不足，形成性能上的差异。

2) 严格控制混凝土轻质墙板的龄期，产品脱模一定要养护28天才可以出厂，条件许可可以用蒸压釜，对产品进行压蒸处理。压蒸的墙板在含水率、强度上都有显著的提高，基本上达到出厂要求。

这是控制墙体干缩裂缝的一个重要措施。普通混凝土制品，在90d前，干缩率与时间的曲线关系是呈直线变化；以90d的干燥收缩值为基准，28d只完成收缩的80%左右。所以龄期未满28d的墙板不能出厂（低碱水泥墙板龄期可放至14d)。

3) 很多工程在门垛、拐角的地方很容易产生裂缝，为了避免这样的情况发生，生产工艺上应生产一些异型板，如“T”型、“L”型，目前生产的企业只有极少数能达到这样水平。

(5) 安装方面：

墙板安装时一般应采取以下措施：

1) 控制墙板安装时的含水率。混凝土轻质墙板安装时的含水率应控制在8%以内。混凝土轻质墙板如再次被浸湿、干燥，将产生膨胀、收缩。第二次含水饱和后的再次干燥，干缩稳定期约为15d，收缩率为第一次的80%左右。所以混凝土轻质墙板在生产储存期、运输、现场堆放等均要防止被水浸湿，雨期还应做遮盖。

2) 墙板安装后，应该自然养护一周的时间，才可以进行其他工序的操作，如去木楔、贴粘结网带，目的是调节板材和施工环境的含水率平衡。

3) 墙体的直线跨度超过6m时，应该有施工伸缩缝，等墙板达到基本稳定后（一般在14d），在用弹性砂浆对伸缩缝进行处理。

4）节点的处理应当合理，除了墙板与天花板和地面连接打钉外，在与承重墙连接处，也要打钉，以防止连接处的裂缝产生。

5）要强化工人安装操作的规范性，杜绝因为人为因素造成的墙板间隙过大、粘结不实等造成的墙体开裂。必须按施工规程施工。

目前企业所生产的产品都是按照国家标准、或是行业标准执行，这存在一个不合理的地方，所有这些标准都是对单一的产品来规定约束的，很多企业都能满足要求。那为什么还会出现质量通病，其实问题来了，符合标准的是墙板本身，不符合要求的是墙板安装后的墙体。所以应该把目标要放得更远一点，墙板的检测不能只测墙板本身，还应对墙进行检测，这样才是解决问题的关键。因为使用的不是一块墙板，而是墙板组装后的墙。因此，工业灰渣混凝土空心墙板安装需采取更多的预防措施。

1）墙板接缝采用粘结胶浆连接。由于墙板吸水性较强，墙板接缝必须采用粘接胶浆。墙板安装时必须先用1∶1胶液涂抹于凹、凸槽处面，而后放入粘接胶浆，可避免水泥浆里的水分在充分水化反应前被墙面吸收而影响粘结效果，甚至出现空鼓现象。

粘结胶浆配方：水泥∶细砂＝1∶2；粘结剂∶水＝1∶1。

墙体接缝应做到满灌满浆，嵌满密封粘接材料，不得有不饱满、瞎缝、风光通缝，防止因接缝处出现薄弱环节，强度低于应力变形而形成裂缝。

墙板安装完毕后4h内，必须用拌制好的碎石混凝土（配比为水泥∶水∶砂子∶石子＝1∶0.6∶1.7∶3）填充板下。板下填充混凝土前，清除板下杂物并湿水，两人在墙体两边对挤混凝土，使底脚混凝土在墙板内孔中鼓起，防止水化过程中收缩致使墙体松动。混凝土面应凹进墙面内3～5mm，便于墙板底脚收光，防渗、防水。板下填充混凝土 48h 后（混凝土强度达到 50%以上），取出木楔，并在该处同填混凝土，然后整墙板脚收光，做到无八字脚，且填充混凝土密实平直。

以上操作不得撬动已安装粘接好的墙板。

2）墙板安装后，不要急于进行接缝处理，而应该先让墙板适应安装环境的干湿变化，尔后再作处理接缝。此时间一般需 1 个星期以上。

接缝处理时，首先在墙板与墙板的接缝企口（即预留压条槽位深约 3mm）处，用 6 寸毛刷蘸水清灰；再用粘接剂在拼缝处粘贴耐碱玻纤维网格布；最后用拌制好的按缝胶浆抹平、压实、收光。注意掌握收光时间，使企日处胶浆无凹凸出板面和龟裂现象。

采用耐碱玻纤维网格布，是为了更好地将墙板应力变形均布于接缝企口处，防止变形集中于一线，形成裂缝。

耐碱玻纤维网格布最好选用含氧化锆的耐碱玻纤维网格布，氧化锆在玻璃纤维中含量在 14%～16%时，其耐碱强度保持率在 60%～80%左右，性能应满足以下标准：布重≥210g/m^2；断裂强度：25mm×200mm 布条，径向≥625N，纬向≥6251N。

3）预埋暗线管的操作

墙壁板在安装一周内，属静置固化阶段，不得在墙体上作业，以免胶浆固化不足而松动开裂。不得在轻质墙板体上随意打洞、开槽。当需要时，应取得设计方的同意，切割、开洞需采用专用工具。

操作时，首先用手提切割机根据划线锯出槽（孔）位，用凿子轻轻凿出线槽。线管埋设好，待检查无误（水管应试压）后，浇注填塞 C20 以上碎石混凝土，面层用接缝胶浆抹平压光，线盒用接缝胶浆镶固。所有暗线应尽量沿孔洞方向布置。横向安装水电管线可在墙板单面开槽，开槽长度不大于墙长 2/3 为宜。如需双面开槽埋设，必须封堵好一面槽后，再在另一面开槽，两面开槽部位高差不小于 100mm，以免整幅墙松动。

4）设置伸缩缝

如果墙体长度过长（超过 6 块板的宽度），就应考虑设置伸缩缝。未考虑设置伸缩缝，易在应力集中部位，产生裂缝。

伸缩缝的处理：同墙板接缝的处理工艺，但粘接胶浆改为弹性砂浆。弹性砂浆采用弹性乳液∶42.5 级水泥∶中砂＝1∶1∶3 制作，具有可变形的特点，能释放一定的墙板应力收缩变形，能在很大程度上控制墙面裂缝。

实践证明，这些预防措施非常有效。

从上面分析可以看出，混凝土轻质墙板墙体产生裂缝的原因是多种多样的，仅靠 1、2 种方法很难达到解决墙体开裂的要求。要预防裂缝的产生，就必须在制板原料、生产、运输、安装直至成墙的整个过程，采取有效措施控制，方能保证交给用户一面完整无缝的墙。

第6章　轻钢轻板框架考虑墙板时内力与变形计算

6.1　填充墙板的作用

我国抗震规范中将墙板划分为非结构构件，非结构构件包括建筑非结构构件和建筑附属机电设备的支架等。建筑非结构构件一般又包括建筑结构的围护墙、隔墙、装饰物以及附属结构构件等。由于在整个建筑结构中所处地位的不同，故规范允许建筑非结构构件在地震中的破坏大于结构构件，其抗震设防目标也较低，但大量的震害调查表明，非结构构件的地震破坏会影响结构的安全和使用功能，在抗震设计中应重视其作用。

填充墙与框架的连接将直接影响到整个结构的动力性能和抗震能力。对钢筋混凝土框架结构，两者之间的连接处理不同时，影响也不同。抗震规范建议，如果两者之间采用柔性连接或者彼此脱开时可以只考虑填充墙的重量而不计其强度和刚度的影响。

对隔墙、围护墙等填充墙，它们将在很大程度上改变结构的动力特性，给整个结构的抗震性能带来影响：第一，使结构抗侧刚度增大，自振周期减小，从而使作用于整个结构上的水平地震作用增大，增大的幅度可达30%～50%；第二，填充墙直接参与抗震，分担了一部分水平地震剪力，改变了结构的地震剪力分布状况，使框架承担的楼层地震剪力减小，相应弯矩幅值也不同程度的减小，从而改善了结构整体的受力状态。对只有水平节点荷载作用的单层单跨框架试验和分析表明，填充墙板能显著降低框架的弯矩，其中在荷载作用角能降低40%，而其他三个角端则可降低高达80%以上；第三，由于填充墙具有较大抗侧刚度，限制了框架的变形，从而减小整个结构的地震侧移幅值及转角；

第四，由于填充墙具有很大的初始刚度，当结构遭受前几个较大加速度脉冲时承担了大部分地震剪力，并用自身的变形和墙面裂缝的出现和开展来消耗输入建筑结构的地震能量，从而充当了第一道抗震防线的主力构件，使框架退居为第二道防线。

尽管如此，填充墙板等非结构构件的作用在实际的抗震设计中还是没有得到充分的考虑和利用。在进行结构抗震设计和计算时，传统的设计理念和设计方法基本上都习惯进行基本框架即不考虑墙板框架的计算，哪怕是第一阶段设计中的弹性阶段的变形验算也很少考虑墙板的作用，这显然与实际情况是不相符的。因为实际上，我们对建筑结构在多遇地震作用下的变形进行验算时，首先要验算的本身就是围护墙、隔墙和装修物等各种非结构构件受到多遇地震作用时的变形情况；其次，在结构正常使用阶段，围护墙、隔墙等非结构构件显然是参与结构的整体工作的，而且如上所述围护墙、隔墙等非结构构件对结构整体的抗震性能有较大影响，墙板虽然不能改变框架的极限承载能力，但它能够通过自身变形来吸收地震能量，但在设计和计算时并没有得到相应的考虑；第三，由于我们讨论的对象是轻钢轻板建筑结构体系，墙板的作用也应该在对结构的整体抗震能力的贡献中突出出来；第四，根据“基于功能”的设计理念，基于功能的结构抗震设计中应该考虑两类目标功能水平，第一类是有规范给定的各类结构的最低功能要求，反映结构“共性”；第二类是按照建筑的用途，由业主、使用者与工程师共同确定，反映结构的“个性”。直接采用可靠度的表达形式并由构件的可靠度过渡到结构体系可靠度的水平上，采用“投资-收益”准则下的基于可靠度的结构优化设计方法。有的学者认为结构抗震设计将从传统的以力为主的设计思想转变到以变形为主的设计思想，抗震设计不再仅仅被赋予概率意义，而引入决策机制，从而使业主能主动参与设计过程，设计人员也可以具有更大的自由空间。根据我国现行抗震规范的设计指导思想，当结构遭受多遇烈度（小震）作用时，建筑物基本上处于弹性状态，一般不会损坏。

从以上四点来看，对某些或某类具有自身特点的建筑进行抗震设计时进行区分是可行的，而且也是符合市场经济规律和业主的利益的。如设防烈度为 6 度、层数也较低的多层轻钢轻板框架结构建筑，当填充墙板与框架之间有良好连接时，进行水平荷载作用下框架弹性变形验算时，适当考虑框架结构墙板的抗侧刚度，对扩大轻钢轻板框架结构的使用范围、提高框架结构抗震性能是合适可行的，也是符合业主利益的。

6.2 无竖向荷载作用时带板框架中水平地震作用的分配及内力和变形计算

尽管规范在进行水平地震作用的分配时不考虑墙板的作用，但实际上当框架结构处于完全弹性状态时，且墙板与框架之间连接比较可靠时，填充墙板的初始刚度是完全可以利用的，在弹性阶段随着荷载的增加填充墙板的弹性刚度变化并不是很大，而且规范对多遇地震作用下结构变形验算的目的就是要保证在弹性阶段建筑结构的围护墙、隔墙等非结构构件不致破坏或影响使用。因此，适当考虑填充墙板对结构抗侧移的贡献是可行的。

考虑框架内部墙板的存在，在分析中也要利用墙板的初始弹性刚度，并考虑其分担水平地震作用。同样在分析时也要分别考虑有无竖向荷载作用两种情况。本节主要分析没有竖向荷载作用的情况。

由于考虑的是弹性阶段地震作用的分配，且考虑的是框架与墙板之间连接完好的情况，因此可以认为框架与墙板之间变形协调，先分别计算两者在水平地震作用下的变形和刚度、分析影响各自变形和内力的主要因素，然后再综合起来一起考虑。

6.2.1 矩形墙板在水平荷载作用下的变形和刚度计算

一般楼盖的平面刚度相对而言比较大，因此可以认为各层楼盖在水平荷载作用时仅发生平移而不发生转动，当墙板与框架有可靠的连接，确定墙体的层间抗侧力等效刚度时，视其为下端固定、上端嵌固的构件，即假定墙体上、下端均不发生转动，通过这样的近似处理对墙板变形和内力影响不会太大，通常都可以忽略。对于这类构件在水平荷载作用下的变形分别由弯曲引起的变形和由剪切引起的变形两部分组成。讨论的矩形墙板如图 6.2-1 所示。

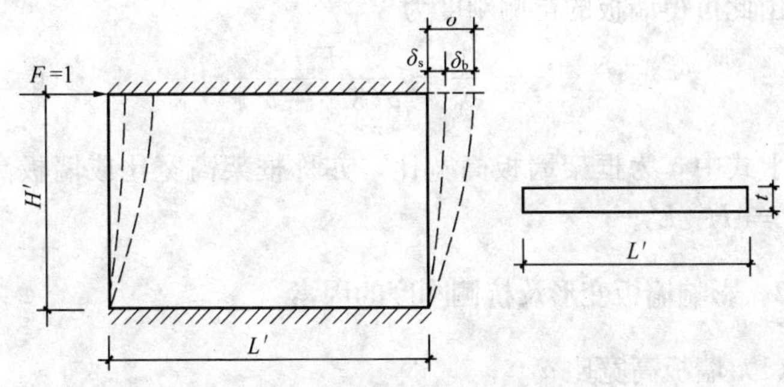

图 6.2-1 单位力作用下墙板弯曲、剪切变形图

当有单位水平荷载作用时，墙板的弯曲变形和剪切变形分别如下

弯曲变形

$$\delta_b = \frac{(H')^3}{12E_p I_p} \tag{6.2-1a}$$

剪切变形

$$\delta_s = \frac{\xi H'}{G_p A_p} \tag{6.2-1b}$$

式中 G_p——墙板的剪切刚度，对混凝土墙板当混凝土即将开裂时近似取泊松比 $\upsilon = 0.5$，故有 $G_p = \frac{E_p}{2(1+\upsilon)} = \frac{1}{3}E_p$；

ξ——截面剪应力分布不均匀系数，对矩形截面 $\xi = 1.2$；

A_p——墙板面积，$A_p = L'_t$；

I_p ——截面惯性矩，$I_p=\dfrac{t(L')^3}{12}$。

构件顶部的总变形为弯曲变形与剪切变形之和，即 $\delta=\delta_b+\delta_s$，将上述已知条件代入并进行整理得

$$\delta_p=\delta_b+\delta_s=\frac{(H')^3}{12E_pI_p}+\frac{\xi H'}{G_pA_p}=\frac{\alpha}{E_pt}(3.6+\alpha^2) \tag{6.2-2}$$

由此可得墙板的抗侧刚度为

$$K_p=\frac{1}{\delta_p}=\frac{E_pt}{\alpha(3.6+\alpha^2)} \tag{6.2-3}$$

上式中 α 为框架墙板高宽比，亦称框架高宽比或墙板高宽比，$\alpha=H'/L'$。

6.2.2 影响墙板变形及抗侧刚度的因素

(1) 墙板高宽比 α

根据式（6.2-1a）和式（6.2-1b），可以得出墙板弯曲和剪切两种变形随框架高宽比 α 的变化所占比例如图 6.2-2。

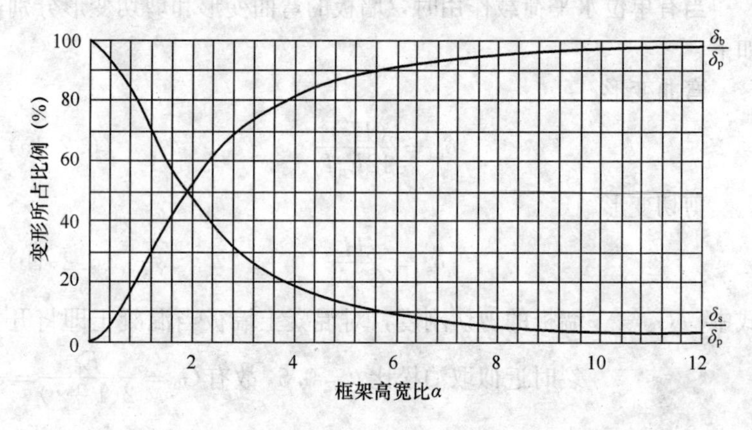

图 6.2-2 弯曲变形和剪切变形占总变形比例图

从图 6.2-2 可以得出墙板两种变形与框架墙板高宽比 α 之间的规律：变形情况的总体趋势是随着框架墙板高宽比 α 的增加，弯曲变形不断增加，α 较小时增加较快，当弯曲变形所占比例超

过总变形的50%后增加变慢；剪切变形则不断减少，具体而言：

1）当框架墙板高宽比$\alpha < 0.6$，即$H < 0.6L$时，弯曲变形占总变形的比例不到10%，即此时的变形以剪切变形为主，弯曲变形可以忽略，$\delta \approx \delta_s$。换言之，此时墙板的抗弯刚度较大而抗剪切刚度较小。

2）当框架墙板高宽比$\alpha = 1.1$，弯曲变形占总变形的比例上升到25%，剪切变形所占比例则降将到75%。

3）当框架墙板高宽比$\alpha \approx 1.7$时，两者基本持平，各占总变形的50%，此后弯曲变形大于剪切变形。

4）当框架墙板高宽比$\alpha > 6$以后，墙板变形以弯曲变形为主，剪切变形可以忽略不计。

因此，在计算墙板的抗侧移刚度时，当框架墙板高宽比$\alpha \leqslant 0.6$时，取墙板的抗侧刚度为$K_P = \frac{G_P A_P}{\xi H'} = \frac{G_P A_P}{1.2H'}$；当$0.6 < \alpha \leqslant 6$时，$K_p = \left(\frac{1.2H'}{G_p A_p} + \frac{(H')^3}{12E_p I_p}\right)^{-1}$；当框架墙板高宽比$\alpha > 6$以后，不考虑该墙板的抗侧刚度。

（2）墙板的弹性模量E_p

由于变形与弹性模量成反比，故显然在弹性变形范畴内，随着墙板弹性模量E_p的增加，其变形必然减小。一般我们只考虑当材料和厚度确定的情况，即弹性模量和板厚确定而只有高宽比α变化的情况，故墙板高宽比α是影响墙板变形的主要因素。对民用建筑而言，其高宽比α的取值范围大致在0.2～1.0之间。因此，当高宽比α取0.2～0.6时，对墙板只需要考虑剪切变形，只有当高宽比α大于0.6以后才同时考虑弯曲与剪切变形。

（3）墙板厚度t

当墙板高宽比α不变时，随着墙板厚度t的增加，导致墙板抗侧刚度增大，墙板的弯曲变形和剪切变形都将逐渐减小，但两者在高宽比相同的情况下占总变形的比例是不变的。

（4）墙板开洞时抗侧移刚度的计算

当框架墙板开有洞口时，带板框架结构的抗侧移刚度仍然由框架和墙板两部分组成，但对洞口面积与墙板面积之比小于 0.6 的墙板抗侧移刚度需进行折减，计算式如下：

$$K_p = 3\psi_k E_p I_p^t / [H^3(\psi_m + \lambda\psi_v)]$$

$$\gamma = 9I_p^t / A_p^t H_p^2$$

ψ_k——总抗侧刚度折减系数。将房屋大致按总层数分三等分，上部各层取 1.0，中部各层取 0.6，下部各层取 0.3；

γ——剪切影响系数；

$A_p^{t(b)}$、$I_p^{t(b)}$——分别为墙板水平截面面积和惯性矩，开有洞口时取洞口两侧墙板相应值之和，如图 6.2-3 所示。

ψ_m、ψ_v——洞口影响系数，按照下列规定取用。

$$\psi_m = (h'/H')^3(1 - I_p^t/I_p^b) + I_p^t/I_p^b$$

$$\psi_v = (h'/H')(1 - A_p^t/A_p^b) + A_p^t/A_p^b$$

其他符号同前面规定的相同。

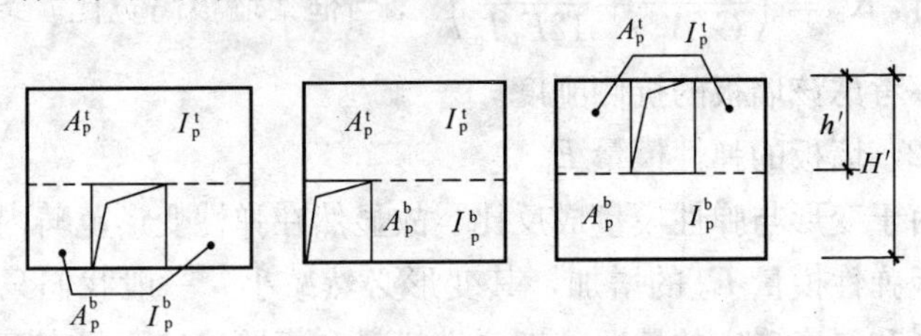

图 6.2-3　开洞墙板截面面积和惯性矩

6.2.3　框架变形及其抗侧刚度计算

同墙板变形一样，框架的变形也包括弯曲变形和剪切变形两部分，不同的是截面形状和与材料有关的系数。根据弹性理论，基本框架的弯曲变形应该为 $\delta_b = \dfrac{(3K_1 + 2)H^3}{12(6K_1 + 1)E_f I_f}$，同墙板简化计算一样，一般当框架梁柱线刚度比值大于 5 后弯曲变形的计算结果与梁柱线刚度比值趋向于无穷大时的结果相差不超过 10%，这样框架的弯曲变形就用 $\delta_b = \frac{H^3}{24E_f I_f}$。因此，框架的总变形表达式仍然为

$$\delta_f = \delta_b + \delta_s = \frac{H^3}{24E_f I_f} + \frac{\xi H}{G_f A_f} \quad (6.2\text{-}4)$$

式中：ξ——截面剪应力不均匀系数，对工形截面近似取 $\xi = \frac{A}{I^2} \int \frac{S^2}{b^2} dA \approx \frac{A_f}{A_w}$；

A_w——工形截面腹板面积；

A_f——工形截面翼缘面积；

H——框架柱的高度；

E_f、G_f、I_f——分别为框架柱的弹性截面模量、剪切模量和截面惯性矩，对于钢材一般取 $G = 0.38E$。

通常情况下为了增加结构的稳定性，框架柱常采用宽翼缘 H 型钢。对 H 型钢规格表中常用的 10 种宽翼缘 H 型钢计算表明，$A/A_w \approx 4.55$。对于工形截面，若近似取截面高度 $h \approx h - 2t_f$，可以得 $I_f \approx \frac{h^2}{12} A_f$。

再令 $\beta = \frac{H}{h}$，β 为框架柱的高度与截面高度之比，K_c 为框架柱的抗侧刚度，$K_c = \frac{24EI}{H^3}$，且 $K_c = \frac{1}{r_c}$，r_c 为框架柱的柔度。

将上述有关结果代入式（6.2-4）有

$$\delta_f = \delta_b + \delta_s = \frac{H^3}{24E_f I_f} + \frac{12H}{E_f A_f} = \frac{24 + \beta^2}{K_c \beta^2} \quad (6.2\text{-}5)$$

从而求出框架柱的抗侧刚度为

$$K_f = \frac{1}{\delta_f} = \frac{K_c \beta^2}{(24 + \beta^2)} \quad (6.2\text{-}6)$$

实际上，一般框架柱的高度与截面高度之比 β 通常都在 10 以上，β 对抗侧刚度的影响不到 2.5%，因此通常忽略框架柱的剪切变形而只考虑弯曲变形，其抗侧刚度只取框架柱的抗侧刚

度为

$$K_{\mathrm{f}}=K_{\mathrm{c}}=\frac{24E_{\mathrm{f}}I_{\mathrm{f}}}{H^{3}} \tag{6.2-7}$$

其实，当框架柱内部有与其刚性连接的墙板时，其自身的弯曲变形受到了一定的限制，变形实际上也应该以剪切变形为主。

6.2.4 水平地震作用在框架和墙板中的分配及内力计算

(1) 抗侧刚度

由上述计算，根据框架柱和填充墙板各自在高宽比不同时所取刚度不同，当有水平地震作用时，分别对各种情况下两者承担的剪力进行分配。

1) 当框架墙板高宽比 $\alpha\leqslant 0.6$ 时，根据上述分析和计算可取墙板的抗侧刚度为 $K_{\mathrm{P}}=\dfrac{G_{\mathrm{P}}A_{\mathrm{P}}}{\xi H'}=\dfrac{G_{\mathrm{P}}A_{\mathrm{P}}}{1.2H'}=\dfrac{E_{\mathrm{p}}tL'}{3.6H'}=\dfrac{E_{\mathrm{p}}t}{3.6\alpha}$，总的抗侧刚度为墙板与框架柱抗侧刚度之和。

$$K=K_{\mathrm{p}}+K_{\mathrm{f}}=\frac{E_{\mathrm{p}}t}{3.6\alpha}+2\times\frac{12E_{\mathrm{f}}I_{\mathrm{f}}}{H^{3}} \tag{6.2-8a}$$

2) 当 $0.6<\alpha\leqslant 6.0$ 时，由于要同时考虑结构的抗弯曲和抗剪切刚度，所以此时可取墙板的抗侧刚度为 $K_{\mathrm{p}}=\left(\dfrac{3.6\alpha}{E_{\mathrm{p}}t}+\dfrac{(H')^{3}}{12E_{\mathrm{p}}I_{\mathrm{p}}}\right)^{-1}=\dfrac{E_{\mathrm{p}}t}{\alpha(3.6+\alpha^{2})}$，带板框架的总抗侧刚度为

$$K=K_{\mathrm{p}}+K_{\mathrm{f}}=\left(\frac{3.6\alpha}{E_{\mathrm{p}}t}+\frac{(H')^{3}}{12E_{\mathrm{p}}I_{\mathrm{p}}}\right)^{-1}+2\,\frac{12E_{\mathrm{f}}I_{\mathrm{f}}}{H^{3}} \tag{6.2-8b}$$

3) 当框架墙板高宽比 $\alpha>6.0$ 以后，根据上述分析，不考虑该墙板的抗侧刚度，也即是近似认为墙板的抗侧刚度为零，框架总的抗侧刚度为

$$K=K_{\mathrm{c}}=2\times\frac{12E_{\mathrm{f}}I_{\mathrm{f}}}{H^{3}} \tag{6.2-8c}$$

由于没有考虑框架墙板的作用，此时结构的内力与变形的计算与基本框架完全一致。但由于此时框架跨度已在常用跨度之

外，因此如果考虑墙板作用就是不可避免的。

(2) 水平地震作用在框架和墙板中的分配

由于抗震设计计算时通常不考虑填充墙板的作用，故进行楼层地震剪力的分配时也就不考虑墙板所分担的地震剪力，而仅仅按空框架(基本框架)抗侧力构件的抗侧刚度进行分配。对于高度不超过 40m、以剪切变形为主且质量和刚度沿高度分布比较均匀的结构,一般用底部剪力法先求出底部剪力,然后分配到各层质点处。作用在各层的水平地震作用按下述方法分配到个抗侧力构件。

以某一楼层 m 为例，假定该楼盖在自身平面内的刚度为无穷大，且假设该楼层有 n 个抗侧力构件，第 j 个抗侧力构件的抗侧刚度为 $k_{\mathrm{m}j}(j=1,2,\cdots,n)$，作用在该层的水平地震作用为 F_{m}。则第 j 个抗侧力构件分到的水平地震剪力 $V_{\mathrm{m}j}$ 为 $V_{\mathrm{m}j}=K_{\mathrm{m}j}F_{\mathrm{m}}/\sum_{j=1}^{n}K_{\mathrm{m}j}=\eta_{j}F_{\mathrm{m}}$，也即每个抗侧力构件分配的侧力与它自身的刚度大小成正比，上式中的 η_{j} 称为剪力分配系数。

这样一来，水平地震作用在框架中的分配就只与抗侧力构件的抗侧刚度有关，而与有无填充墙板以及墙板材料、厚度等都无关。当某一抗侧力构件的抗侧刚度较大时，它所分担的水平地震作用也越大。反之，当某一抗侧力构件的抗侧刚度较小时，它所分担的水平地震作用就越小。

计算框架墙板的抗弯刚度时要用到其弹性模量。以混凝土墙板为例，混凝土的弹性模量与时间、强度和受力等因素有关。从受力的角度而言，根据试验结果，当混凝土达到极限强度即将开裂时，可近似取其受拉弹性模量为初始弹性模量的 0.5 倍，这也从另一个角度保证填充墙板刚度与框架柱刚度相比不致过大，使之在弹性阶段承担的水平地震作用也不是很大，从而当墙板破坏框架进入弹塑性阶段后不致使力发生过大突变。

当结构整体处于完全弹性阶段的时候，框架与墙板变形协调，又水平荷载由框架和墙板两者共同承担，假设各自承担的部分为 F_{f} 和 F_{p}，根据两者的变形相同和力的平衡有

$$\Delta = \frac{F_p}{K_p} = \frac{F_f}{K_f} \tag{6.2-9}$$

$$F = F_f + F_p \tag{6.2-10}$$

由上两式解出

$$F_f = \frac{K_f}{K_f + K_p} F = \eta_f F \tag{6.2-11a}$$

$$F_p = \frac{K_p}{K_f + K_p} F = \eta_p F \tag{6.2-11b}$$

上式中：η_f ——框架的剪力分配系数，$\eta_f = \dfrac{K_f}{K_f + K_p}$；

η_p ——墙板的剪力分配系数，$\eta_p = \dfrac{K_p}{K_f + K_p}$。

从式（6.2-11）可以看出两者承担的水平剪力仍然按照各自抗侧刚度的比例分配，抗侧刚度较大者分配的剪力就大，反之则小。

图 6.2-4 是厚度分别为 60mm、120mm、180mm 和 240mm 的四种混凝土墙板在框架墙板高宽比不同情况下的剪力分配系数，当框架高宽比 $\alpha \to \infty$ 时，墙板的剪力分配系数 $\eta_p \to 0$，当框架高宽比 $\alpha \to 0$ 时，墙板的剪力分配系数 $\eta_p \to \infty$。若框架高度不变，取高宽比为框架常用高宽比 $0.2 < \alpha < 1.0$，即使以最薄板厚计算，墙板承担的水平剪力都将在框架柱承担剪力的 6 倍以上，如果板厚较大，框架墙板高宽比又较小，则墙板承担的水平剪力将会更高。从图上我们还可以看出：除最小板厚情况外，当框架墙板高宽比在 0.2 和 1.0 之间时，墙板的抗侧刚度都占总抗侧刚度的 87%以上，当墙板高宽比为 0.2 时，甚至高达 97%。根据规范对有无侧移框架结构的定义，当支撑或其他抗侧力构件提供的抗侧刚度为框架的 5 倍以上时就认为框架是无侧移框架，而当框架墙板高宽比在 0.2 和 1.0 之间时，墙板提供的抗侧刚度最小也是框架的 6.5 倍，因此此时的框架可以近似当做无侧移框架。

（3）带板框架侧移和内力计算

如果假定框架梁柱截面尺寸不变，也即是梁柱截面惯性矩比

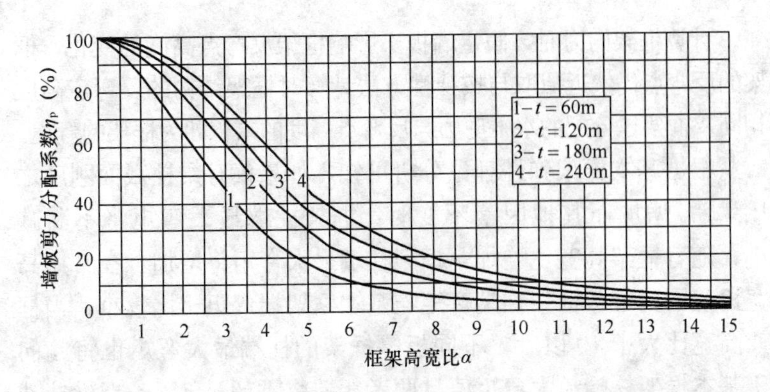

图 6.2-4　墙板的剪力分配系数 η_p 与高宽比 α 的关系

值不变，带板框架结构的侧移根据不同高宽比情况确定的总抗侧刚度进行计算如图 6.2-5 中的 1～4。基本框架由于不考虑墙板的抗侧刚度，又因为框架墙板高宽比与梁柱线刚比成正比，所以其侧移的变化趋势与基本框架反弯点的变化趋势相同。带板框架的侧移与板厚有关，当框架墙板高宽比为 6 时，最厚板侧移比基本框架侧移少 33%，比最薄板少 11%，当框架墙板高宽比为 10 时，最厚板侧移比基本框架侧移少 10%，比最薄板少 3%，而且最终将趋近于基本框架侧移。从图 6.2-5 中还可以看出，随着框架墙板高宽比的减小，基本框架侧移与带板框架侧移的差值越来越大。在常用框架跨度范围内，基本框架的侧移至少为带板框架的 4 倍以上，如果框架跨度较大时，基本框架的侧移高达带板框架侧移的几十倍甚至上百倍。

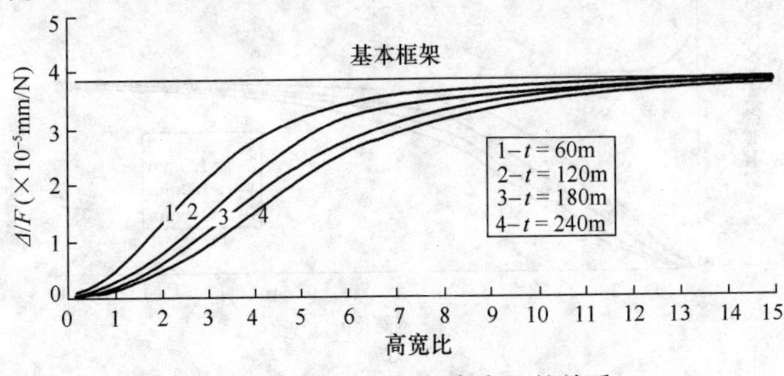

图 6.2-5　Δ/F 与框架高宽比的关系

计算框架内力时，假定墙板不影响框架反弯点高度的变化，框架的反弯点仍然近似取与按弹性方法计算时框架结构的反弯点高度相同。框架柱分配的水平剪力与反弯点高度的乘积即为框架的弯矩。

根据基本框架弹性理论分析可知，如果仅有梁柱截面刚度之比 I_b/I_c 增加而其他因素不变时，框架柱端最大弯矩将不断减小，随着框架高宽比增加，框架柱端最大弯矩将增加，在常用高宽比范围内带板框架柱端弯矩与基本框架端弯矩相比较小，当框架高宽比大于 10 以后，不同板厚框架的柱端最大弯矩也将趋向于基本框架柱端最大弯矩值且两者相差将不超过 3%；当梁柱截面刚度之比 I_b/I_c 分别取 1、3、5 时框架柱端最大弯矩随框架墙板高宽比和墙板厚度变化情况如图 6.2-6（*a*）、图 6.2-6（*b*）和图 6.2-6（*c*）所示。

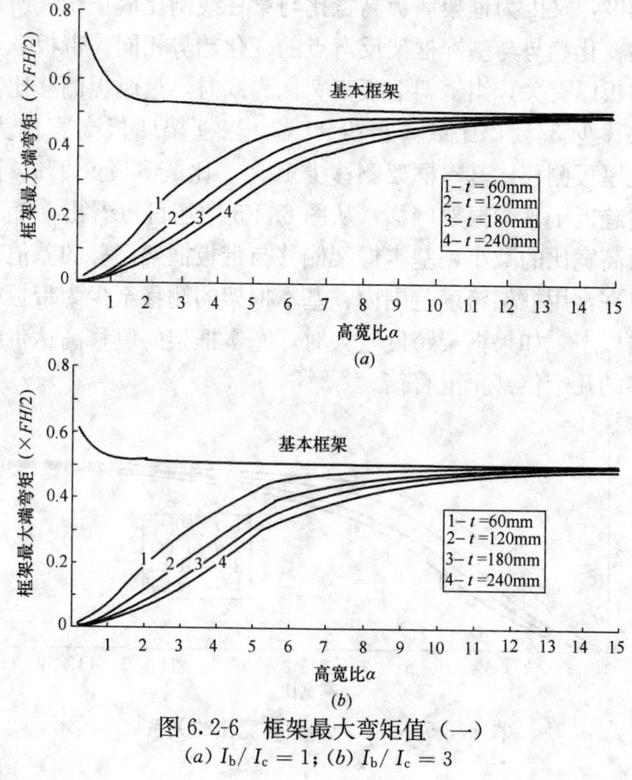

图 6.2-6　框架最大弯矩值（一）

(*a*) $I_b/I_c=1$；(*b*) $I_b/I_c=3$

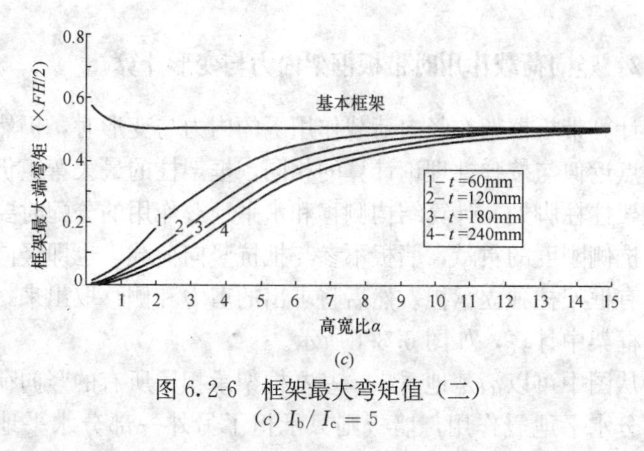

(c)

图 6.2-6 框架最大弯矩值（二）

(c) $I_b/I_c=5$

6.3 竖向轴力作用时带板框架中水平地震作用的分配及内力和变形计算

6.3.1 竖向荷载作用时水平地震作用在框架中的分配

计算水平地震荷载在带板框架抗侧力部件之间的分配时，假设竖向荷载不影响水平荷载的分配，也既是说墙板和框架柱所承担的水平剪力与没有竖向荷载作用时的分配情况完全相同，仍然根据各自的抗侧刚度大小比例按式（6.2-10）和式（6.2-11）计算，即按各自剪力分配系数确定，墙板厚度和框架墙板高宽比不同时的剪力分配系数如表 6.3-1 所示。框架跨度越大，墙板高宽比越小，墙板抗侧刚度越大，框架柱承担的水平地震作用就越小；反之，如果框架跨度越小，则框架柱承担的水平地震作用将越大。在常用框架墙板高宽比范围内，框架分担的水平地震作用基本上没有超过 15%。

框架剪力分配系数 η_f（%） **表 6.3-1**

t \ α	0.2	0.4	0.6	0.8	1.0	1.2	1.6	2.0	3.0	4.0	6.0	10	15
60	2.4	3.4	6.4	8.8	13.4	16.9	25.1	33.9	56.1	72.6	89.1	97.4	99.2
120	1.2	2.4	3.5	4.6	7.2	9.3	14.3	20.4	38.9	56.9	80.2	94.9	98.3
180	0.8	1.6	2.4	3.1	4.9	6.4	10.1	14.6	29.8	46.8	73.1	92.5	97.5
240	0.6	1.2	1.8	2.4	3.7	4.9	7.7	11.4	24.2	39.8	67.2	90.2	96.6

6.3.2 竖向荷载作用时带板框架内力与变形计算

计算带板框架在竖向荷载作用下的内力与变形时，仍然假定反弯点近似与按弹性理论计算的相同，框架柱的最大弯矩仍然发在框架柱柱脚处。计算结构侧移和水平地震作用的分配时要考虑墙板抗侧刚度的贡献，墙板不参与抵抗竖向荷载，也即竖向荷载完全有框架柱独立承担。然后将求出的剪力和侧移取出来，放到基本框架中计算，如图 6.3-1 所示。

从图中可以清楚地看出，基本框架承担了所有的竖向荷载和一部分水平地震作用，墙板则只承担了另外一部分水平地震作用。而且基本框架和墙板两部分的侧移是完全相同的。

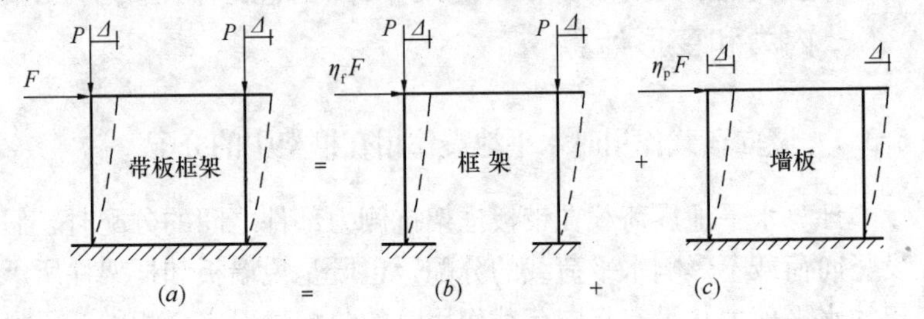

图 6.3-1 带板框架

6.3.3 考虑二阶效应时基本框架与带板框架侧移和内力的比较

为了比较带板框架与不考虑墙板作用的基本框架内力与变形，分别对不同情况下带板框架与不考虑墙板作用时考虑二阶效应的基本框架的内力与变形比较如下。

当框架考虑墙板抗侧刚度时，在常用框架高宽比范围内由于其相对侧移 Δ/F（见图 6.2-4）相对较小，即使考虑其二阶效应，由于考虑了墙板抗侧刚度，结构总抗侧刚度较基本框架抗侧刚度增加很多，结构侧移相对而言小了很多，因此此时不考虑二阶效应对结构侧移的影响，显然在常用框架高宽比范围内考虑墙板抗侧刚度时结构侧移将显著减小。也就是说当考虑墙板对框架抗侧刚度贡献时，可以完全忽略竖向荷载二阶效应对结构侧移的影响，当水平荷载 $F=0.1P(P/P_y$ 分别为0.2和0.5）时带板框架在梁柱截面惯性矩取1、3和5时的侧移分别见图6.3-2和图6.3-3。

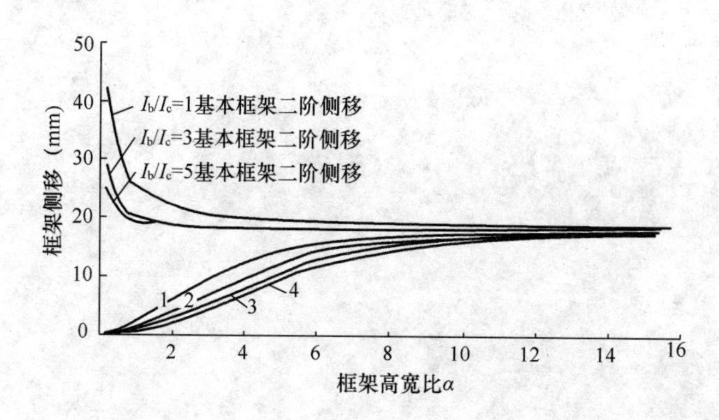

图6.3-2　$F=0.1P(P/P_y=0.2)$ 时侧移

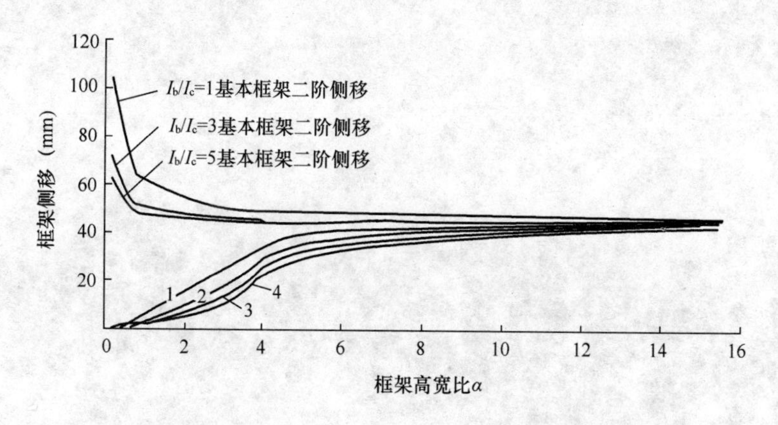

图6.3-3　$F=0.1P(P/P_y=0.5)$ 时侧移

从图中可以看出，基本框架随着梁柱线刚度比的增加，其侧移将不断减小；随着框架高宽比的增加，其侧移将不断减小；但无论是梁柱线刚度比怎么变化，基本框架在常用框架高宽比范围内侧移都将远远大于考虑墙板抗侧刚度时结构的侧移。因此，进行水平地震荷载作用下框架结构的弹性变形验算时，如果水平地震作用稍大一些，基本框架结构的弹性层间位移角就将难以满足规范限值，但若能适当考虑墙板的抗侧刚度贡献，就能够大大减小结构侧移，使之很容易就满足设计要求。

第7章 工业灰渣混凝土空心墙板施工技术

7.1 工业灰渣混凝土空心墙板装配施工工艺流程

工业灰渣混凝土空心墙板运达施工工地后，一般按图7.1-1所示程序进行装配施工。

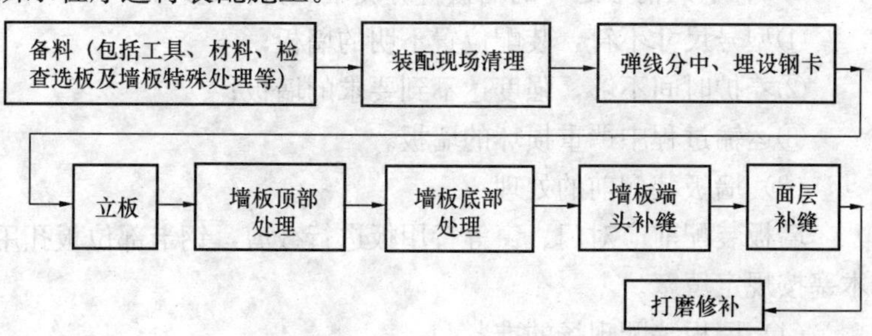

图7.1-1 工业灰渣混凝土空心墙板装配施工工艺流程图

7.2 混凝土空心墙板装配施工前的准备

（1）装配工具及材料

1）装配墙板应准备的常用工具

常用工具为电锤、切割机、抛光机、检查尺、长铝尺（$L=$ 2.5m）、撬棒、准线砣、铁锹、灰桶、木抹子和铁抹子。

2）装配墙板应准备的材料

材料为墙板、水泥（不低于32.5级）、钢卡、细石、细砂、801胶（或其他胶）、膨胀剂、网格布（耐碱玻纤或钢丝网格）、木楔、特配抹缝砂浆、加固柱、抗裂柱所用钢筋、门窗所用角钢（或槽钢）等。

(2) 检查墙板

墙板装配前应对每块待安装墙板的材质、型号、规格、尺寸及外观质量和出厂检验合格证进行认真校验，并按以下情况进行处理：

1) 对照墙板已标注的长度和厚度尺寸进行复验。严格筛选，板长应比墙体高度短20～30mm，板厚按同一厚度尺寸（相差±2mm)范围内的墙板可组合装配在同一墙面上，超过者应按相近厚度尺寸在±2mm内重新组合装配。对于超差严重无法组合的另作处理，不得安装。

2) 有下列情形之一的墙板应分类堆放另作处理：

①型号尺寸不符，装配位置不明的墙板；

②养护时间不够，强度达不到要求的墙板；

③运输过程中严重损坏的墙板。

(3) 墙板装配前的处理

墙板装配前应对门、窗等特用板进行截剪，钢卡部位板孔用木塞按规定填塞。

(4) 墙板装配现场的准备

墙板装配现场应作如下准备：

1) 施工现场应彻底清理一切有碍墙板安装的物品，内脚手架、支模架、模板等；扫除和清洗安装地面以便分中弹墨和安装龙骨架。

2) 按要求铺设安装墙板用脚手架或预备活动脚手架。

3) 安装好装配墙板所需的临时供电、供水设施；对楼层的各预留孔、楼梯口及供电设施等作好安全防护。

(5) 弹线分中、埋设钢卡

根据设计图纸要求，在楼地面、天花板或梁、柱、墙上用墨线弹出安装墙板及门、窗洞的位置。装配前应作如下准备工作：

1) 所有需要安装的墙板，必须有施工方（或建设方）按图纸派专人现场提供轴线具体位置，然后放线弹墨，墙板装配人员方可进行墙板装配。

2）建设单位负责人在确定好已具备墙板安装条件的具体工程项目或楼层后，应以书面形式签署墙板安装通知单，墙板装配人员凭施工通知单进行墙板装配。墙板装配人员如发现建设单位指定的墙板安装位置有问题，必须立即报告建设单位施工现场负责人并停止安装，待确定后继续装配。

3）按图纸要求在需安装墙板的部位已弹好的墨线上划分出埋设钢卡的具体位置以及门、窗的部位和防裂柱、加固柱的准确位置，然后用电锤打孔埋设钢卡（钢卡必须埋设在两板拼缝处墙板厚度正中，顶部水平方向钢卡间距不得大于板宽，垂直方向与墙或柱连接的钢卡间距不大于1m）。

（6）预埋管线、电器暗埋的处理

按设计图纸要求准备好暗埋管线、暗埋电器开关、插座和接线盒座等，在确定的位置将预埋暗盒底座装好并穿好管线。

准备工作完成后，建设单位和墙板安装人员共同进行一次安装位置复查，然后即可进行墙板装配。

7.3 混凝土空心墙板的装配技术

（1）预制墙板固定槽方案

框架结构建筑在设计和施工时在梁柱上预留墙板固定槽。内隔墙板与梁柱安装节点如图7.3-1和图7.3-2所示．双层保温外墙板与梁柱安装节点如图7.3-3和图7.3-4所示。

（2）埋设钢卡方案

在柱竖向和梁（板）横向按一定间距埋设钢卡（钢卡形式如图7.3-5所示）以稳固墙板，安装节点如图7.3-6和图7.3-7所示。

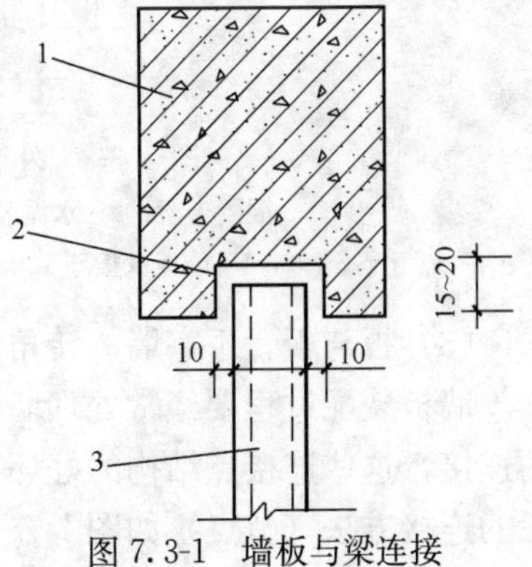

图7.3-1　墙板与梁连接

1—混凝土梁；2—水泥胶粘料；3—墙板

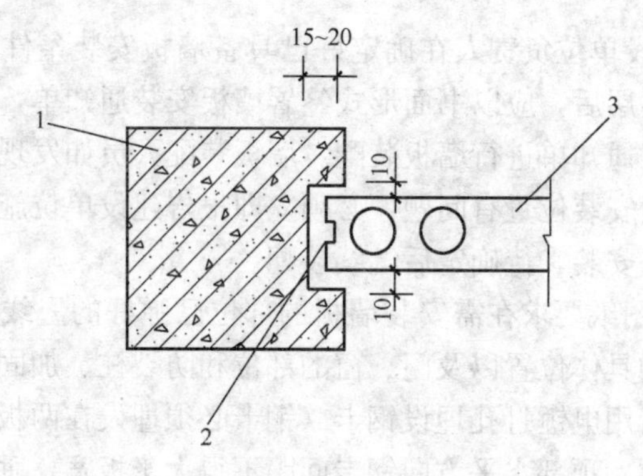

图 7.3-2　墙板与柱连接

1—混凝土柱；2—膨胀混凝土或掺膨胀剂的水泥胶粘料；
3—墙板

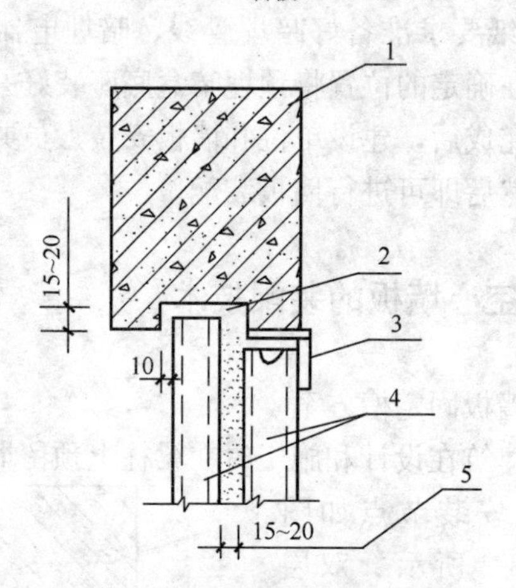

图 7.3-3　外墙板与梁连接

1—混凝土梁；2—水泥胶粘料；3—丁字形钢卡；
4—墙板（板厚 120mm）；5—保温材料

（3）板与板、丁字墙、转角连接

墙板装配过程要经常处理墙板与墙板，丁字墙板及转角墙板的连接，这些连接点结构的好坏直接影响墙体的强度和美观。一般的连接方法（节点）如图 7.3-8～图 7.3-10 所示。

（4）墙板与门窗的连接

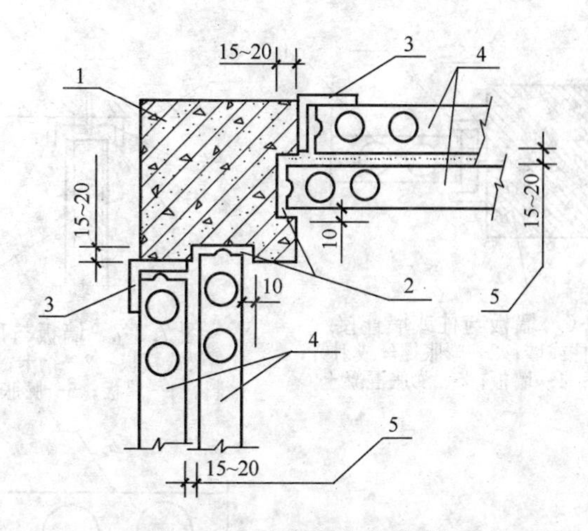

图 7.3-4　外墙板与柱连接

1—混凝土往；2—膨胀混凝土或掺膨胀剂的水泥胶粘料；
3—丁字形钢卡；4—墙板（板厚 120mm）；5—保温材料

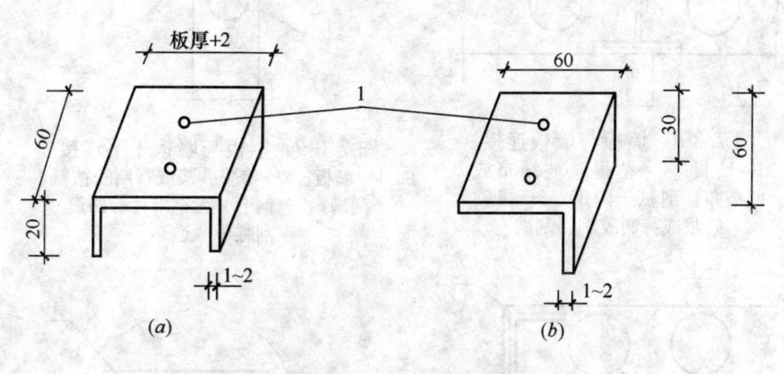

图 7.3-5　钢板卡

(*a*) 门形钢卡；(*b*) 丁字形钢卡

1—射钉位置或膨胀螺丝孔（$\phi5$）

墙板与门窗在侧向和横向都要连接，横向（上、下）的连接方法为：在门框上及窗洞上下设一横梁（梁尺寸为墙板厚×100高），横梁内配 2ϕ8 钢筋，横梁插入两边竖板内 300mm；或者在门洞及窗洞上、下安装冷弯槽钢（如图 7.3-11 和图 7.3-12 所示）。侧向连接方法为：在门窗高度方向预钉（埋）两个以上

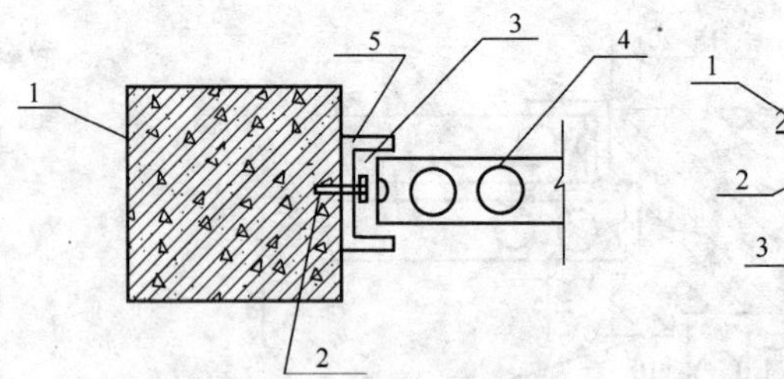

图 7.3-6 墙板与柱或墙连接
1—混凝土柱或墙；2—膨胀螺丝或射钉；3—钢卡；4—墙板；5—膨胀混凝土

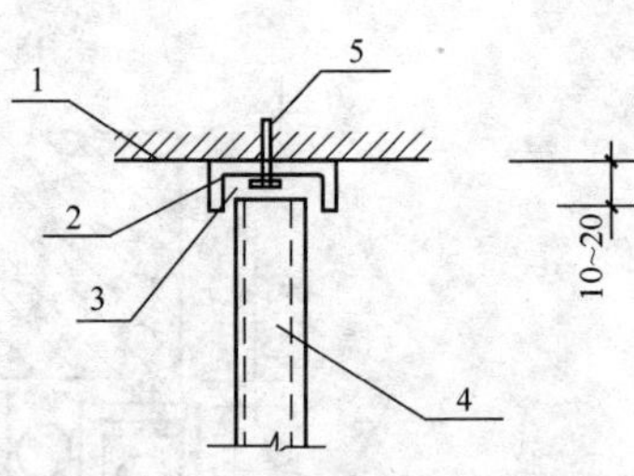

图 7.3-7 墙板与顶板连接
1—梁或楼板；2—钢卡；3—水泥胶粘料；4—墙板；5—膨胀螺丝或射钉

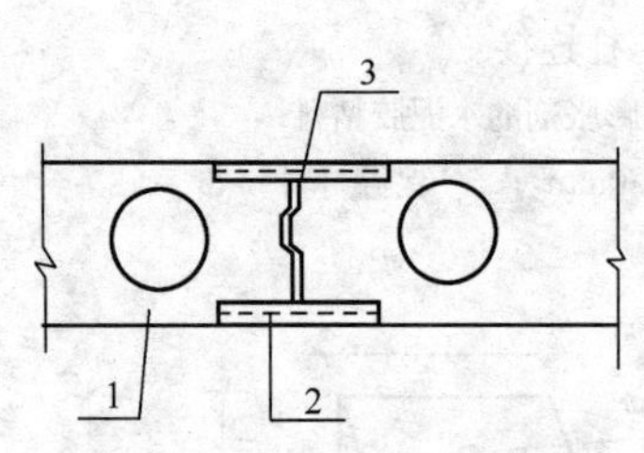

图 7.3-8 墙板与墙板连接
1—墙板；2—粘耐碱玻纤布或网格布，刮腻子两道；3—掺胶砂浆或特制胶粘料刮满

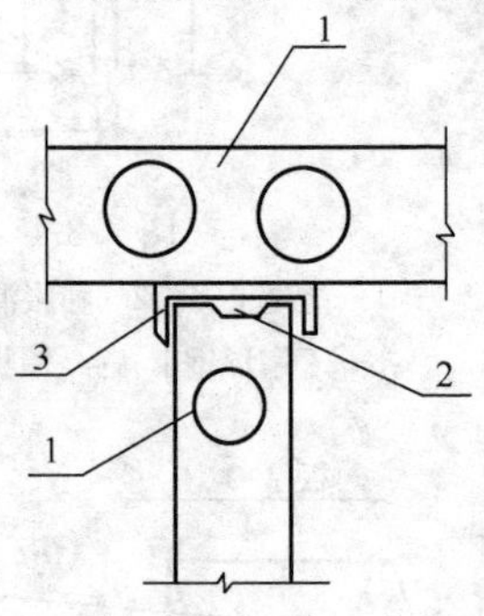

图 7.3-9 墙板与墙板丁字连接
1—墙板；2—掺胶砂浆或特制胶粘料刮满；3—钢卡（无钢卡处分两道刮腻子两道）

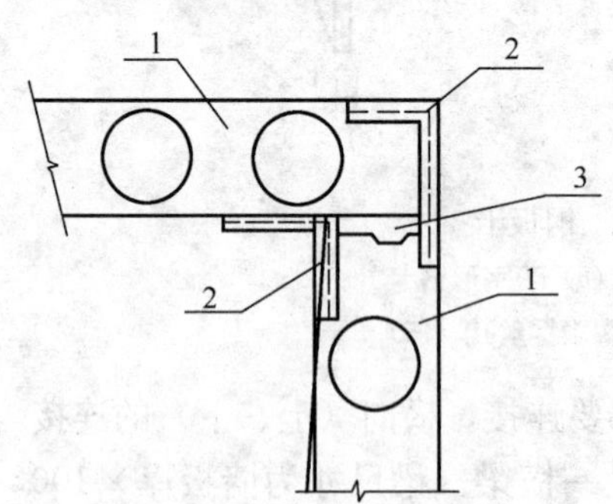

图 7.3-10 墙板与墙板转角连接
1—墙板；2—粘耐碱玻纤布或网格布，刮腻子两道；3—掺胶砂浆或特制胶粘料刮满

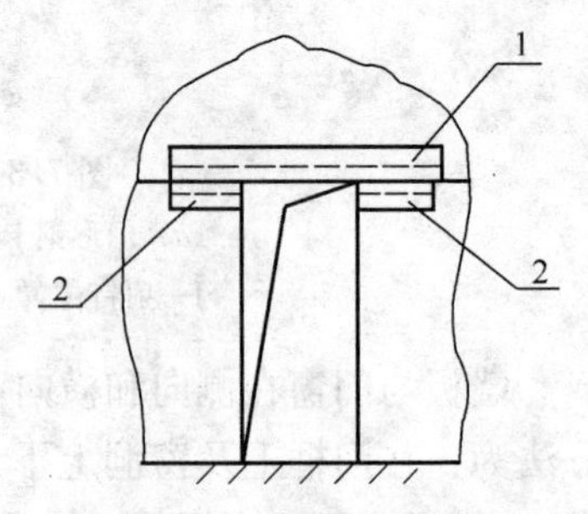

图 7.3-11 墙板与门洞连接
1—冷弯槽钢（插入两边 300mm 以上）或混凝土梁；2—门形钢卡，安装好后与槽钢焊接

（如图 7.3-13 和图 7.3-14 所示）的铁件，其连接节点如图 7.3-15～图 7.3-18 所示。

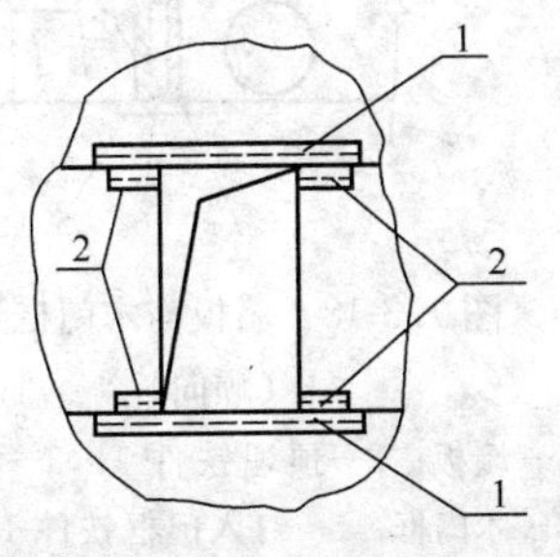

图 7.3-12　墙板与窗洞连接

1—冷弯槽钢（插入两边 300mm 以上）或混凝土梁；2—门形钢卡，安装好后与槽钢焊接

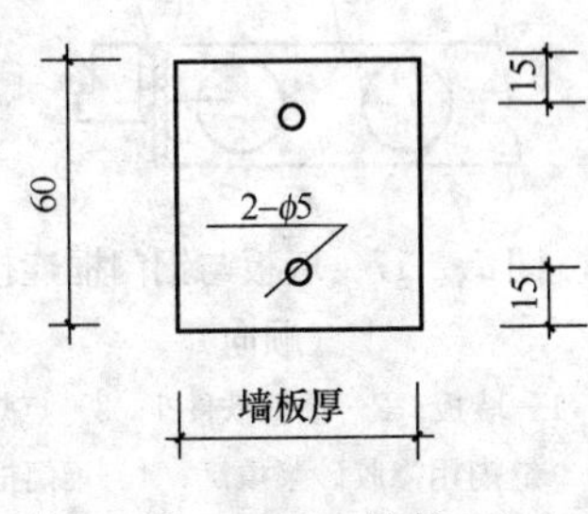

图 7.3-13　铁件 1

（δ＝5mm）

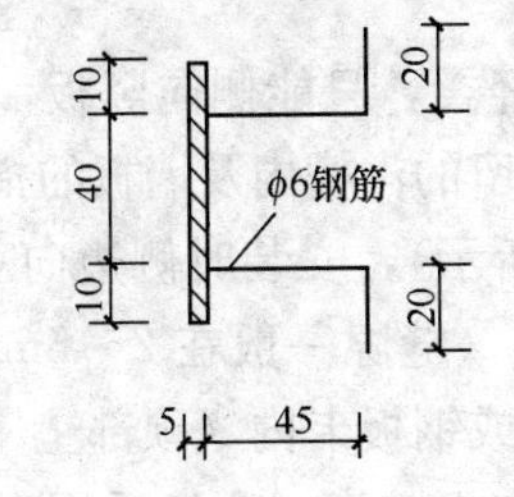

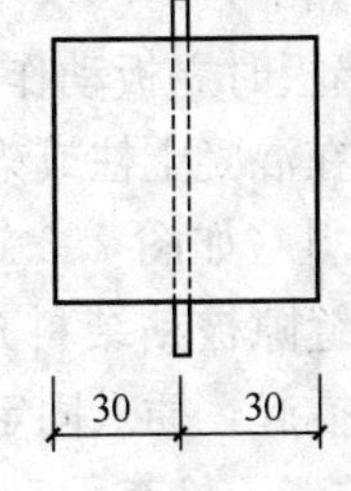

图 7.3-14　铁件 2（δ＝5mm）

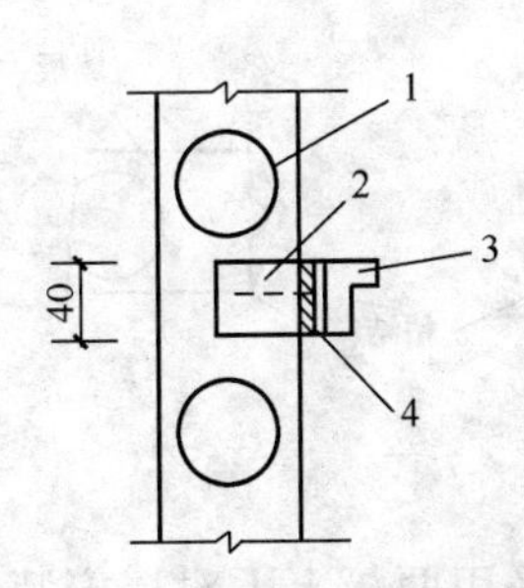

图 7.3-15　墙板与钢门框连接（垂直向）

1—墙板；2—40×80(宽)×50(深)的洞，用砂浆浇注预埋铁件 2；3—钢门框；4—点焊，缝内用掺胶砂浆填满

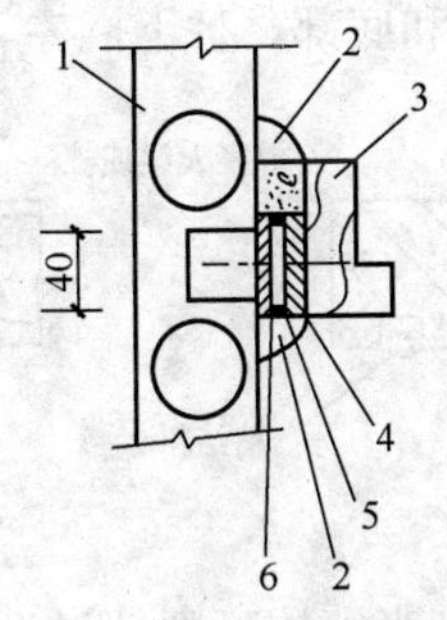

图 7.3-16　墙板与木门框连接（垂直向）

1—墙板；2—木压条；3—木门框；4—钉入门框铁件 1；5—点焊，缝内用掺胶砂浆填满；6—40×80×50 深的洞，用砂浆浇注预埋铁件 2

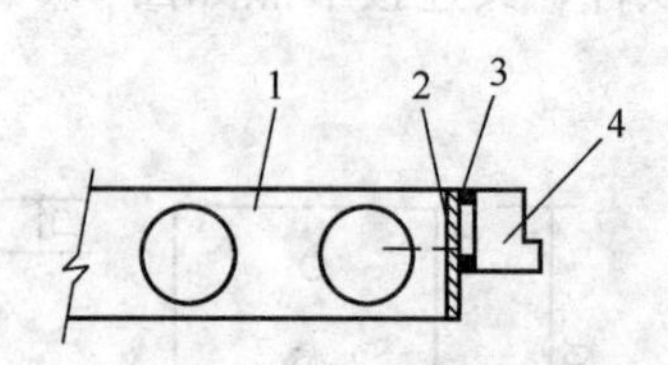

图 7.3-17　墙板与钢门框连接（顺向）

1—墙板；2—预埋铁件 1；3—点焊，缝内用掺胶砂浆填满；4—钢门框

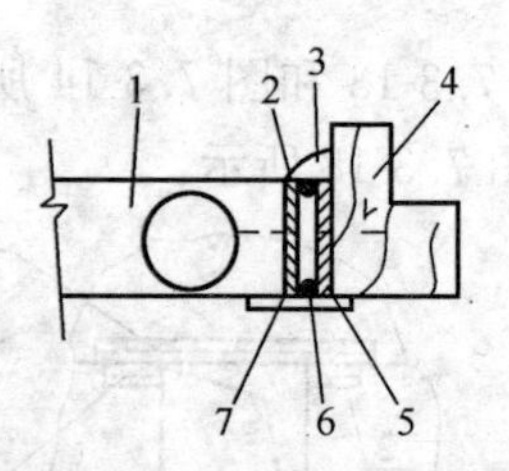

图 7.3-18　墙板与木门框连接（顺向）

1—墙板；2—预埋铁件 1；3—木压条；4—木门框；5—钉入门框铁件 1；6—点焊，缝内用掺胶砂浆填满；7—木贴脸

(5) 立板

立板要求如下，

1) 装配墙板时立板动作要轻柔，只能侧向竖板，不能平台竖板，竖板时在混凝土柱或梁预留的沟槽内及墙板的指头或棒槽两边刮上粘结料（如图 7.3-19 所示），安装时侧边向一侧靠挤，使板与板之间缝隙被粘结料充实（缝隙一般在 2～5mm）。再用专用撬棒将板撬起，插入固定槽或钢板卡内（顶部垫 10～15mm 木垫），校准位置，检查垂直度和平整度，合格后用木楔背紧板材顶部和底部，替下撬棒。

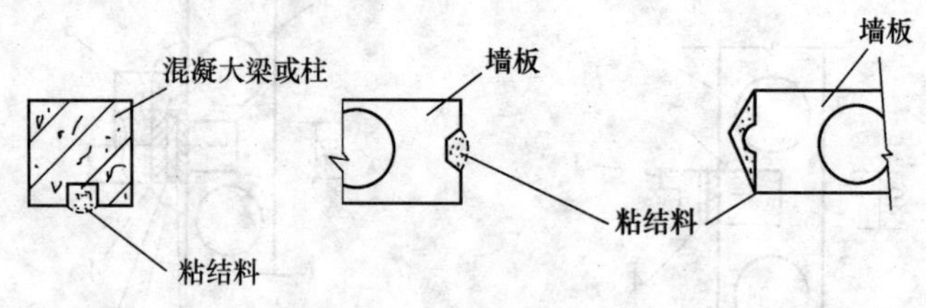

图 7.3-19

2) 当墙体高度超过 3.3m 时应采用两板上下对接安装，对接装配分错缝对接和平缝对接。

错缝对接：相邻两板上、下、长、短水平缝错开。这时短板长度一般为长板长度的 1/3，每板中部水平处设水泥销一个，或用两组四块（如图 7.3-5 所示）钢板卡对焊固定（如图 7.3-20

所示）。

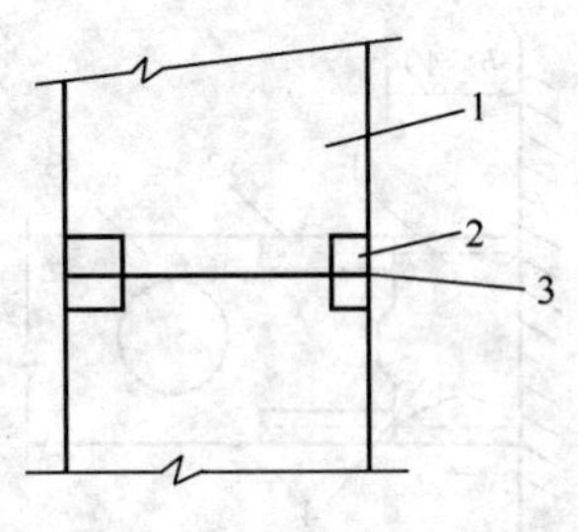

图 7.3-20　两墙板上下对接
1—墙板；2—门形钢卡；3—焊缝

平缝对接：两墙板对接的水平缝在同一水平线上。安装时一般长板在下，短板在上，短板长度一般为长板长度的 1/3，长板顶端两侧面和短板底端两侧面分别装两块特制钢卡（如图 7.3-21 所示阴阳钢卡），每板中部水平处设水泥销一个或用两组四块（如图 7.3-5 所示）钢板卡对焊固定（如图 7.3-20 所示）。装板时装一块长板，在长板顶端抹一层掺胶砂浆，装两块相应的特制钢卡，再装底部装有相应特制钢卡的短板，长短板校平整后焊接钢卡，然后用撬棒将连接的板撬起插入固定槽或顶部钢卡内（顶部垫 10～15mm 木垫），再校平整和垂直后用木楔背紧墙板底部和顶部，替下撬棒并将钢卡相互焊接。

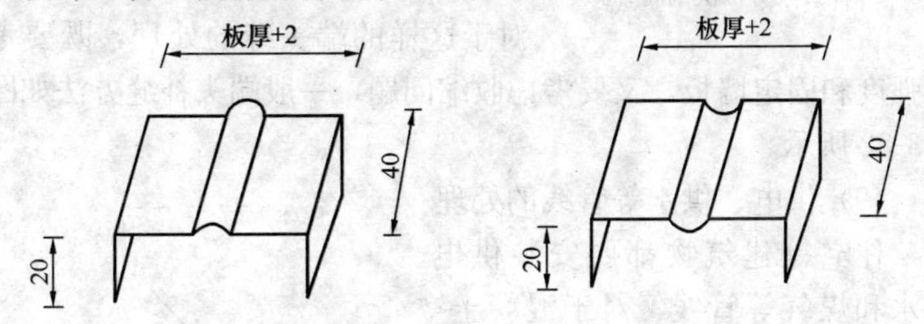

图 7.3-21　阴阳钢卡（δ=2mm）

（6）墙板项部处理

预制固定槽安装的墙板，用膨胀水泥胶粘料分两次将边缝抹密实。

钢卡稳固安装的板墙，墙板顶部与梁或顶棚应保持 10～15mm 的缝隙，（对于管线暗埋处可适当加宽），钢卡部位墙板板孔用木塞子堵塞留 20mm 深，以保证钢卡部位砂浆填塞密实和固定，待墙板平整度、垂直度校准后用木楔背紧固定，然后用掺有 5%膨胀剂的水泥胶粘料将钢卡处及板顶缝分两次以上填抹密实，并用木抹子抹平拉毛、拉直，缝隙成斜口并低于墙板 2～

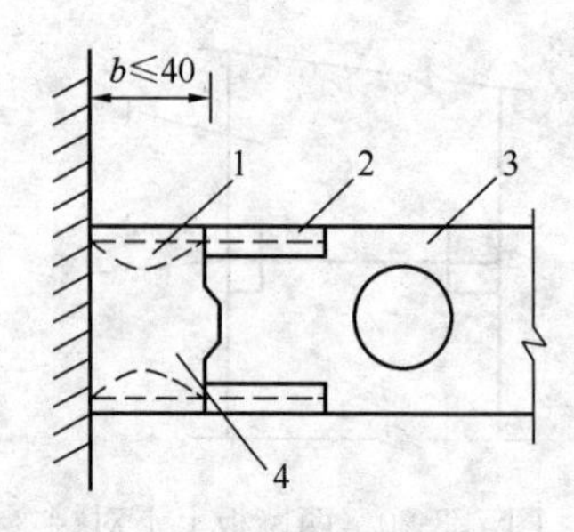

图 7.3-22　板墙端头补缝

1—三棱木模。当 $b=10\sim40$mm 时第一次填砂浆支三棱木模，三天后撤除，第二次再抹水泥白灰砂浆：当 $b\leqslant10$mm 时直接采用掺胶砂浆补缝；2—贴耐碱玻纤布或网格布、刮腻子两道；3—墙板；4—掺5%膨胀剂的水泥砂浆分两次刮满

3mm，以利面层抹缝。

（7）墙板底部处理

墙板经安装校准固定后，即可用C20细石混凝土将底板空隙填塞密实，并用木抹子将板底空隙填塞的混凝土拉毛、拉直使其低于板面，待一周后撤除木楔，再用C20细石混凝土填实孔洞（当墙板安装后不再进行楼地面找平及面层装饰时，应于每块板底部埋设 $\phi8\times80$mm 钢筋地脚卡一个固定板底，钢筋地脚卡插入楼面内不小于25mm）。

（8）板墙端头补缝

墙板由一端装配至另一端时，对于这样的端头缝的处理，既要考虑强度和固定墙板，又要考虑收缩问题，一般端头补缝方法如图7.3-22所示。

（9）供电、供水等管线的处理

住宅等建筑物都要安装供电、供水和煤气等管线，对于混凝土空心墙板组装的墙体，装配后最好少打洞和挖沟，对于这些管线一般是在墙板装配前或装配中进行处理。电线可暗埋于墙板内，横向（垂直于板孔方向）暗埋电线可利用墙板与顶棚间的缝隙暗理，竖向的管线可直通板孔暗埋，电器盒、接线盒暗埋如图7.3-23所示。首先将要预埋电器盒、接线盒的板打好洞再装配。供水、供气管道用预埋好的吊

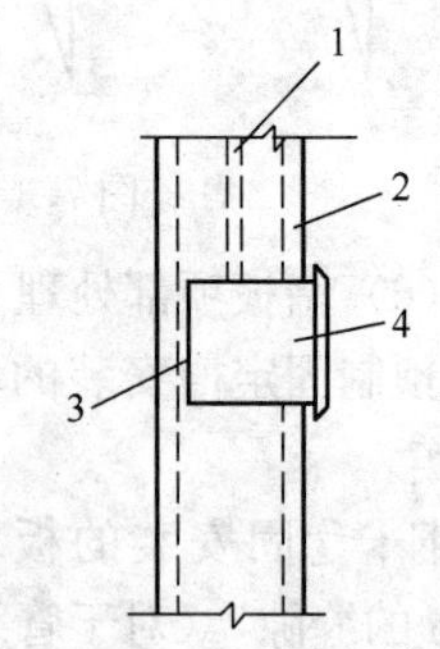

图 7.3-23　电器盒、接线盒暗理图

1—电线管；2—墙板；3—电器盒、接线盒四周用胶泥粘接；4—电器盒、接线盒

挂件固定安装，吊挂件预埋如图 7.3-24 所示。

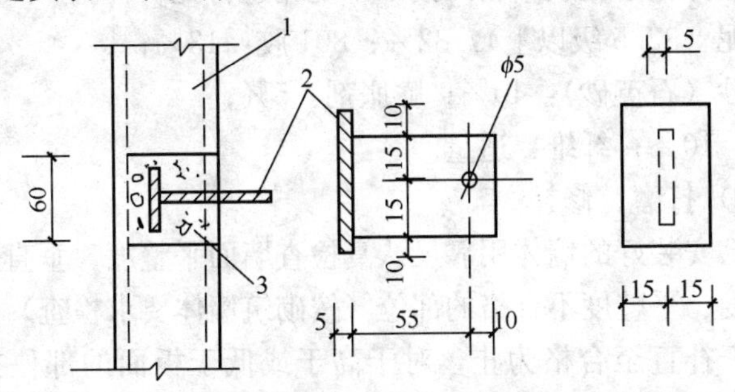

图 7.3-24 吊挂件预埋节点图

1—墙板；2—吊挂件（钢板）；3—混凝土砂浆填满

(10) 防裂柱和加固柱

用墙板组装的墙体当墙体较长时，为了防止由于湿胀、干燥收缩、温度变化造成墙体裂纹，在板墙一定位置设立防裂柱，避免裂纹的产生。

当板墙过高（超过 3.3m）时，在板墙一定位置设立加固柱，以保证墙体整体的稳定性和增加刚度。

防裂柱和加固柱设置间距一般为 2.4～3.0m。其断面尺寸为板厚×120mm，柱内用张拉器拉紧一根以上不小于 $\phi8$ 的钢筋埋设柱内，用膨胀混凝土现浇。

(11) 面层抹缝

墙板装配处理完毕，待板墙干燥后（一般 72h 以上）就可进行面层抹缝处理，面层抹缝按以下程序施工：

1) 在进行面层抹缝前应对所装板墙认真检查，认定符合要求（平整、垂直、稳定）后方可进行面层抹缝。

2) 无论墙板项部、底部、拼缝、加固柱、防裂柱缝、丁角、转角均应统一作一次面层抹缝处理，凡需面层抹缝的部位均应在抹缝前刷 801 胶一遍。凡经过面层抹缝处理后的拼缝、柱边缝，应绝对与板面保证平整一致，阴角、阳角应通顺平直，并用木抹子抹实抹平并拉毛。

面层抹缝水泥胶粘料可按以下配比进行配料：

水泥（32.5 级以上）：32%；801 胶：13%；

细砂（石英砂）：40%；膨胀剂：5%；

水：10%；纤维：适量。

（12）打磨、修补

对已安装好的墙体用靠尺认真检查墙面平整度、垂直度。对于垂直度、平整度不合格的部位（按砌筑墙体要求检查）必须认真进行修补直至合格为止，对于高于或低于板面的部位打上印记。做好标志，然后将高于板面的部位用电动抛光机磨平。对于低于板面的部位用 801 胶水泥腻子灰补平。

（13）墙体保护

墙板安装一周内，勿打孔、钻眼，以免粘结料固化时间不足使墙板振动开裂。一周后必须打孔钻眼时也不得猛敲猛打。

参 考 文 献

[1] 陈福广，沈荣，徐洛屹．墙体材料手册．北京：中国建材工业出版社，2005

[2] 轻型板材设计手册编辑委员会．轻型板材设计手册．北京：中国建筑工业出版社，2009

[3] 应枢德，建筑墙板、屋面板材料与施工．北京：机械工业出版社，2008

[4] 涂平涛主编．建筑轻质板材．北京：中国建材工业出版社，2005

[5] 王铁梦．工程结构裂缝控制．北京：中国建筑工业出版社，1998

[6] 杨天佑主编．轻质墙板·装饰构件·花饰产品．广州：广东科技出版社，2002.3

[7] 周小真，姚谦峰．格构式轻型墙板抗震性能研究．西安冶金建筑学院学报，1993.1

[8] 黄丽华，周大伟．掺多种工业废渣的陶粒混凝土轻质隔墙板．新型建筑材料，2006.2

[9] 黎欧，李连山，谭伟林，王新捷．混凝土轻质墙板墙体裂缝产生原理及预防措施．粉煤灰，2006.3

[10] 邢海嵘，李涛，王昊．轻质墙板应用技术分析与发展趋势．低温建筑技术，2001.84(2)

[11] 王长生，陶粒及废渣混凝土墙板的研究开发．砖瓦，2005.2

[12] 任红亮．轻质复合保温墙板的试验研究与可行性分析．西安建筑科技大学硕士论文，2005

[13] 任红亮，张本成．轻质复合保温墙板的性能与应用．长春工程学院学报(自然科学版)，2004.5(4)

[14] 施楚贤，钱义良，吴明舜，杨伟军，程才渊．砌体结构理论与设计(第二版)．北京：中国建筑工业出版社，2003.11

[15] 杨伟军，司马玉洲．砌体结构．北京：高等教育出版社，2006

[16] 杨伟军，李桂青．哈尔滨框架轻板建筑结构的可靠性分析．工程力学，2002年增刊

[17] 《墙体材料应用统一技术规范》GB 50574—2010．北京：中国建筑工

业出版社，2010
[18] 杨伟军，李桂青．框架轻板建筑的地震可靠性分析．长沙交通学院学报，1993.9(3)